职业教育无人机应用技术专业系列教材

无人机操控技术

主　编　吴道明　刘　霞

副主编　杨　雄　李远明　王　鹏　周庚楷

参　编　罗文东　葛志宏　王文玺　张海英　李　春

机械工业出版社

本书是无人机应用技术专业的教材，编写时参考了相应的职业资格标准。

无人机操控技术包括固定翼、多旋翼和直升机等机型的操控技术，是从事该行业的重要技术之一。本书从实用出发，满足当下市场保有量较多的无人机机型——多旋翼无人机。本书编写遵循认知规律，从设备的认识开始，再到模拟飞行训练、外场真实飞行训练，一直介绍到多旋翼无人机的外场作业，循序渐进、由浅入深地分科目介绍多旋翼无人机的飞行技术。

本书属于职业应用项目式教材，“虚实结合、带飞过渡”是本书的编写特点，“虚”是虚拟，就是模拟飞行，能够以高安全、低成本的方式提升飞行技术，但虚拟的目的是回归现实；“实”就是指外场实装飞行，而外场飞行无论从操作者的心理因素还是外部环境都与模拟飞行完全不一样，为了顺利地完成从模拟飞行到实装飞行的转换，进行带飞训练无疑是非常安全的方式。所以“带飞”是“虚”与“实”之间的关键过渡。本书就是按照这样的理念来进行编写，更适合于职业教育和社会培训的需求。

为便于教学，本书配套有电子课件，读者可登录机械工业出版社教育服务网（www.cmpedu.com）以教师身份注册后免费下载或联系编辑（010-88379194）咨询。本书还配有“示范教学包”，教师可在超星学习通上搜索“无人机操控技术”实现“一键建课”。

图书在版编目（CIP）数据

无人机操控技术 / 吴道明，刘霞主编．—北京：机械工业出版社，2022.4（2024.9重印）

职业教育无人机应用技术专业系列教材

ISBN 978-7-111-70201-6

Ⅰ．①无…　Ⅱ．①吴…　②刘…　Ⅲ．①无人驾驶飞机-职业教育-教材　Ⅳ．①V279

中国版本图书馆CIP数据核字（2022）第029997号

机械工业出版社（北京市百万庄大街22号　邮政编码100037）

策划编辑：李绍坤　　　责任编辑：李绍坤

责任校对：史静怡　王　延　封面设计：鞠　杨

责任印制：常天培

北京机工印刷厂有限公司印刷

2024年9月第1版第9次印刷

184mm×260mm・11.5印张・233千字

标准书号：ISBN 978-7-111-70201-6

定价：39.00元

电话服务　　　　　　　　　网络服务

客服电话：010-88361066　　机　工　官　网：www.cmpbook.com

　　　　　010-88379833　　机　工　官　博：weibo.com/cmp1952

　　　　　010-68326294　　金　　书　　网：www.golden-book.com

　　机工教育服务网：www.cmpedu.com

PREFACE
前言

为深入贯彻落实《国家职业教育改革实施方案》等文件精神，适应无人机产业迅猛发展对职业院校专业和课程建设的需求，针对当前职业院校该专业缺少合适的教材，无法满足行业发展以及专业建设需要的现状，编者依据无人机应用技术专业人才培养目标和行业、企业用人单位需求、专业课程标准以及《民用无人机驾驶员管理规定》的知识和技能要求编写了本书。本书为校企合作开发的“双元”教材。

本书主要介绍多旋翼无人机的操控技术，对多旋翼无人机进行系统全面的介绍，以此为基础来系统介绍模拟飞行、带飞训练，外场实装飞行等一系列训练科目，并配合飞行训练介绍了飞前准备、飞后检修以及安全操作规程等内容，完成了系统的无人机操控技术训练之后，以典型的无人机外场作业案例来结束。全书体现了“虚实结合、带飞过渡”的模式、“理实一体化”的特点，以及“学习培训与岗位作业相结合”的系统性。本书适合于职业院校无人机应用技术专业的学生、无人机技术培训企业的学员以及无人机爱好者等读者选用。

本书由吴道明、刘霞担任主编，杨雄、李远明、王鹏、周庚楷担任副主编，罗文东、葛志宏、王文玺、张海英、李春参加编写。其中，全书的结构框架由吴道明、李远明完成，第1、4章以及项目2、3由吴道明完成，第2、3章由刘霞完成，项目1由刘霞、张海英完成，项目4由杨雄、葛志宏完成，项目5的任务1由周庚楷、王鹏完成，项目5的任务2由周庚楷、罗文东完成，项目5的任务3由王文玺、李春完成，全书由刘霞统稿。

由于编者水平有限，书中不妥之处在所难免，恳请读者批评指正。

编　者

CONTENTS

目 录

CONTENTS

第 1 篇　理论篇

第 1 章　多旋翼无人机概述

1.1 多旋翼无人机的定义

无人机也叫无人驾驶航空器（UA，Unmanned Aircraft），是由地面站管理（包括远程操纵或自主飞行）的航空器，也称遥控驾驶航空器（RPA，Remotely Piloted Aircraft），简称无人机。

无人机系统（UAS，Unmanned Aircraft System）也称无人驾驶航空器系统（RPAS，Remotely Piloted Aircraft Systems），是指无人机及与其配套的地面站、起飞（发射）回收装置以及无人机的运输、储存和检测装置等的统称。事实上，无人机要完成任务，除了需要无人机及其携带的任务设备外，还需要有地面控制设备、数据通信设备、维护设备以及指挥控制和必要的操作、维护人员等。较大型的无人机还需要专门的发射、回收装置。完整意义上的无人机应称为无人机系统。无人机系统，如图 1-1-1 所示。

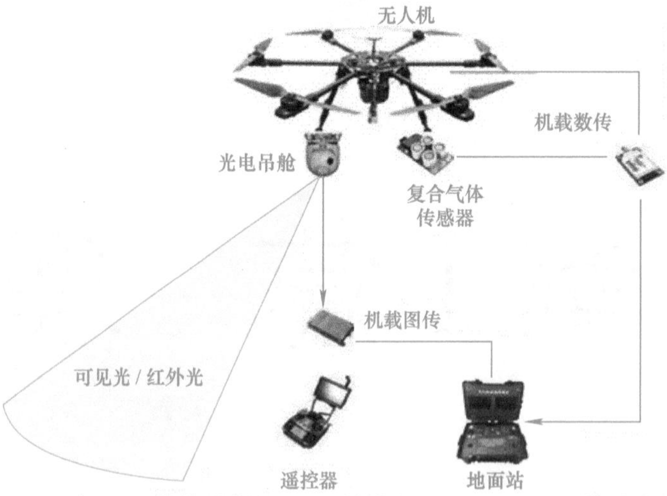

图 1-1-1　无人机系统

近年来，国内外无人机相关技术飞速发展，形成了种类繁多、形态各异、丰富多彩的现代无人机家族，而且新概念还在不断涌现，创新的广度和深度也在不断加大，所以无人机的种类很多，一般情况下无人机可按飞行平台构型、用途、尺度、活动半径、实用升限、飞行速度、使用次数等方法进行分类，如图 1-1-2 所示。

其中，无人机按飞行平台构型进行分类，可分为固定翼无人机、旋翼无人机（包括多旋翼无人机、自转旋翼机和无人直升机等）、无人飞艇、伞翼无人机、扑翼无人机等，如图 1-1-3 所示。其中固定翼无人机、旋翼无人机应用比较广泛。旋翼无人机可分为自转旋翼无人机、无人直升机和多旋翼无人机。

多旋翼无人机就是本书的主角，是一种具有三个及以上旋翼的特殊的无人驾驶旋翼飞行器，如图 1-1-3b 所示，就是典型的八旋翼无人机。

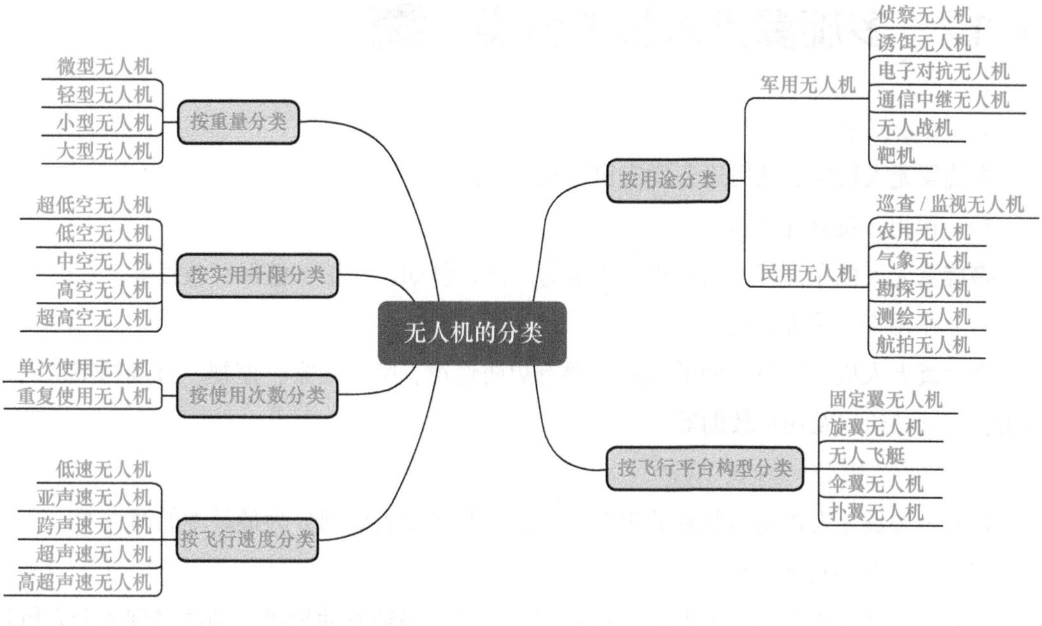

图 1-1-2　无人机分类

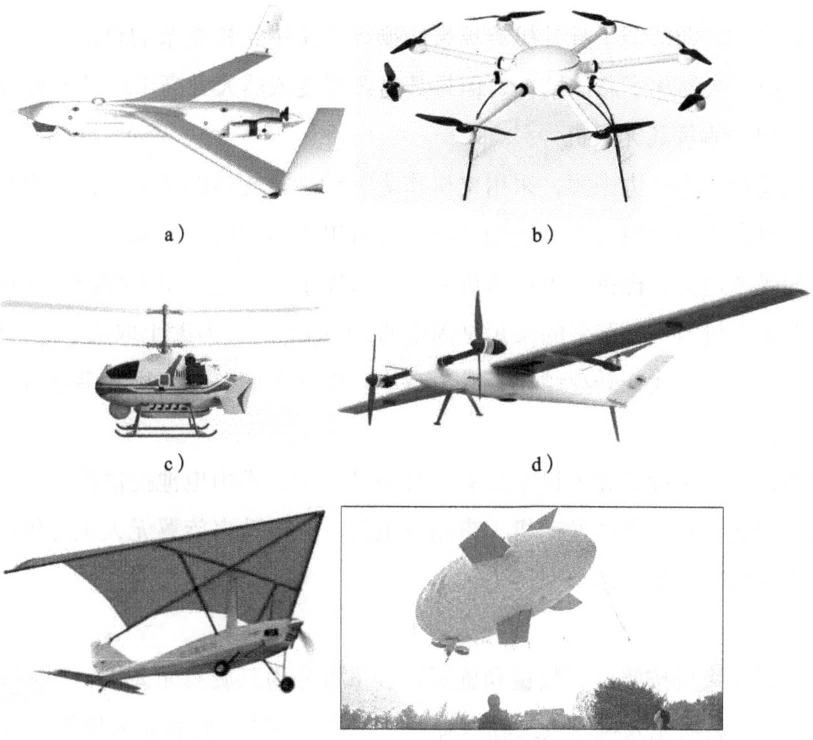

图 1-1-3　无人机按飞行平台构型分类

a) 固定翼无人机　b) 多旋翼无人机　c) 无人直升机　d) 垂直起降变固定翼无人机　e) 伞翼无人机　f) 无人飞艇

1.2 多旋翼无人机的分类

1. 按照用途划分

多旋翼无人机按照其用途分类有民用和军用两类。

（1）民用多旋翼无人机

多旋翼无人机在民用方面应用范围极为广泛，例如，航拍、植保、救援等。

（2）军用多旋翼无人机

多旋翼无人机在军事方面的应用主要有边防巡逻、空中侦察、监视、排爆扫雷、对地攻击、后勤补给以及伤员救助等。

2. 按照旋翼驱动方式划分

按照多旋翼无人机动力装置的类型，可将多旋翼无人机划分为最基本的两大类。

（1）油动多旋翼无人机

以燃油发动机作为动力来源，包括活塞发动机、涡轴发动机等。油动多旋翼无人机属于旋翼桨距可控类，即旋翼变距类。这里有一点需要特别强调的是，虽然它与直升机一样具有旋翼桨距操纵系统，但它与直升机最大的区别是只操纵旋翼总矩，取消了旋翼周期变矩控制和尾桨，即取消了直升机旋翼桨距操纵系统中结构复杂的自动斜倾器、液压系统和尾桨，从而大大简化了总体结构，但是其复杂程度依然大大高于电动多旋翼无人机。

（2）电动多旋翼无人机

以电动机作为动力来源，采用电机作为驱动旋翼旋转的动力来源，电机类型大多为无刷电机，也有部分使用有刷电机的情况，所有电机运转所需的能量由聚合物锂电或新能源方式（如燃料电池）提供。电动多旋翼无人机属于旋翼桨距不可控类，即旋翼变速类。电动多旋翼无人机空气螺旋桨的桨矩是固定的，其向上的升力大小取决于空气螺旋桨的转速，转速越大，升力越大，转速越小，升力越小。电动多旋翼无人机大多是微型和轻型的无人旋翼飞行器。

当然，目前多旋翼无人机中还有一种电动类型，不由电池提供能量，而是由发电机提供能量，也就是自带燃油发动机，带动发电机，为电动多旋翼无人机提供能量，但是旋翼的驱动方式依然属于电动类型。

3. 按照外形划分

多旋翼无人机按照旋翼数量和旋翼轴数量可分为三旋翼无人机、四旋翼无人机、六旋翼无人机、八旋翼无人机以及三轴六旋翼无人机、四轴八旋翼无人机等，如图 1-1-4 所示，当然还有旋翼数量更多的其他类型。

按照旋翼分布位置可将其划分为 I 型、X 型、V 型、Y 型和 IY 型等类型，如图 1-1-5 所示。

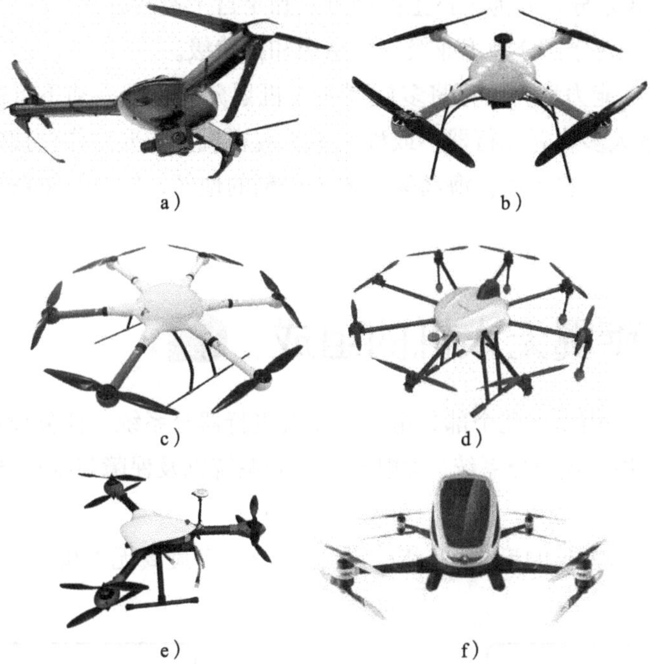

图 1-1-4 常见的多旋翼无人机

a) 三旋翼无人机 b) 四旋翼无人机 c) 六旋翼无人机 d) 八旋翼无人机 e) 三轴六旋翼无人机 f) 四轴八旋翼无人机

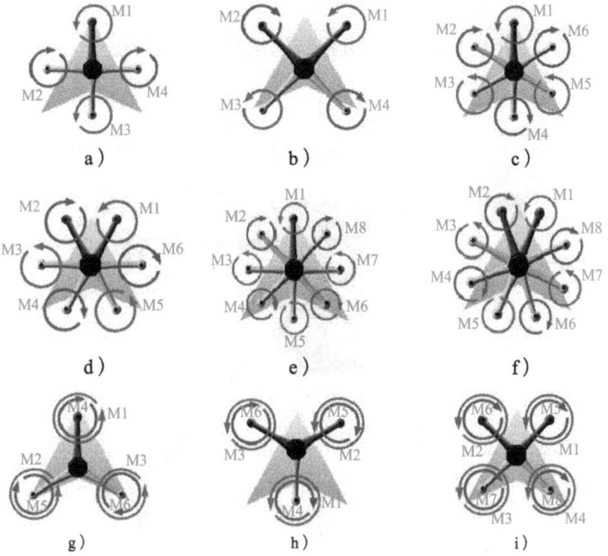

图 1-1-5 常见的多旋翼无人机的构型

a) I 型四旋翼 b) X 型四旋翼 c) I 型六旋翼 d) V 型六旋翼 e) I 型八旋翼
f) V 型八旋翼 g) IY 型三轴六旋翼 h) Y 型三轴六旋翼 i) X 型四轴八旋翼

4. 其他划分方式

1）按重量划分：分为微型、轻型、小型、中型和大型。

2）按控制方式划分：分为半自主控制方式和全自主控制方式。

3）按市场定位划分：分为工业级、商用级和消费级。

4）按有无载客能力划分：可将多旋翼无人机划分为可载人和不可载人两类，其中可载人的类型称为载人多旋翼飞行器，或称为多旋翼客机，主要用作便捷的空中交通运输工具，特别适合于草原、农牧场、海岛等交通不便利的地区，以及用来解决大城市地面道路拥堵的难题。

1.3 多旋翼无人机的组成

无人机系统一般由以下几个部分组成：无人飞行器分系统、任务设备分系统、测控与信息传输分系统、指挥控制分系统、发射与回收分系统以及保障与维护分系统，如图 1-1-6 所示。

多旋翼无人机是常见的无人机，应用十分广泛，多旋翼无人机系统组成，如图 1-1-7 所示。

图 1-1-6　无人机系统的组成（思维导图）

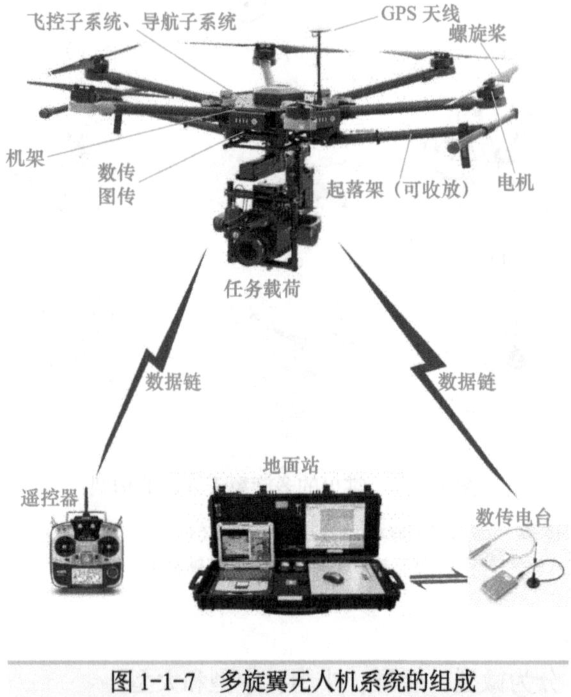

图 1-1-7　多旋翼无人机系统的组成

1.4 多旋翼无人机的飞行原理

1. 主要知识点回顾

为了便于飞行原理的讲解，下面先回顾几个必备的知识点。

（1）正反桨

正反桨是指一对旋向相反的螺旋桨，如图 1-1-8 所示。多旋翼无人机的旋翼数量一般都是偶数，螺旋桨的安装数量是一半正桨、一半反桨，如图 1-1-5 所示，这样设计既能保证无人机稳定飞行时螺旋桨的反作用扭矩互相抵消，也能通过螺旋桨的差速旋转来控制无人机的偏航运动。

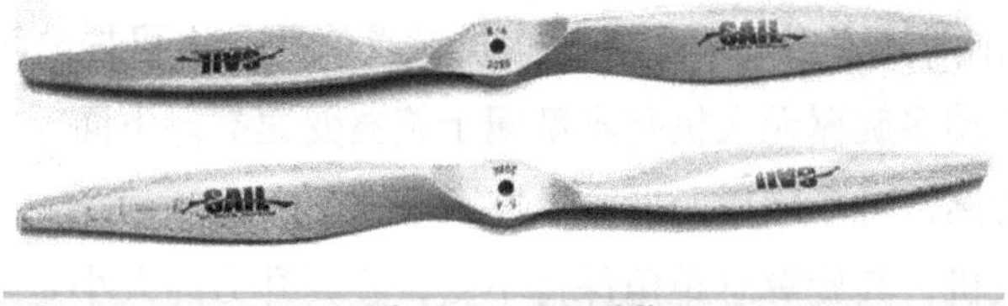

图 1-1-8　正反桨

（2）牛顿三大运动定律

无人机飞行控制，就是控制无人机的姿态。姿态的改变需要有力的作用，牛顿三大运动定律指明了作用力和物体运动的关系，属于动力学研究的基本问题，是经典力学的基本定律。这三条定律之间有着紧密的内在联系，共同构成了牛顿力学的完整理论体系。

1）牛顿第一运动定律。任何一个物体在不受外力或受平衡力的作用时，总是保持静止状态或匀速直线运动状态，直到有作用在它上面的外力迫使它改变这种状态为止。物体保持运动状态不变的性质称为惯性。一切物体都具有惯性，惯性是物体的物理属性，所以牛顿第一运动定律又称为惯性定律。

基于此定律，要保证无人机处于稳定状态（稳定悬停或稳定直线飞行），就要保证无人机所受的合外力为零，就是升力等于重力，拉力等于阻力。

2）牛顿第二运动定律。物体的加速度跟物体所受的合外力成正比，跟物体的质量成反比。牛顿第二运动定律也称为加速度定律，它表明力的瞬时作用规律：力和加速度同时产生，同时变化，同时消失。

所以，无人机的姿态和飞行速度的改变，需要在相应的方向上有力的作用。

3）牛顿第三运动定律。两个物体之间的作用力和反作用力，在同一直线上，大小相等，方向相反。牛顿第三运动定律也称为作用力与反作用力定律。

在多旋翼无人机的操控中，要用到此定律，例如，多旋翼无人机的自旋操控就是通过控制正桨和反桨作用在无人机上的扭矩大小来实现的。

（3）欠驱动系统

欠驱动系统就是指系统的独立控制变量个数小于系统自由度个数的一种非线性系统，多旋翼无人机就是典型的欠驱动系统，由于高度非线性、参数摄动、多目标控制要求及控制量受限等原因，所以控制难度较大。

（4）全驱动系统

和欠驱动系统不同，全驱动系统的独立控制变量个数等于系统自由度个数，具有操纵灵活、控制算法设计简单等特点，固定翼无人机就是典型的全驱动系统。

2. 多旋翼无人机操控原理

四旋翼是较为常见的多旋翼无人机类型，下面就以四旋翼无人机为例，介绍多旋翼无人机的操控原理。

（1）飞行模式

四旋翼无人机的飞行模式有两种，十字模式，如图 1-1-9a 所示，X 字模式，如图 1-1-9b 所示。如前所述，多旋翼无人机根据旋翼桨距是否可控分为两类：旋翼变距类和旋翼变速类，而电动多旋翼无人机基本都属于旋翼变速类。下面就以旋翼变速类四旋翼无人机的十字模式为例，对多旋翼无人机操控原理进行介绍。

旋翼变速类无人机，其旋翼总距角保持不变，旋翼升力的大小是靠改变旋翼的转速来实现的，旋翼转速越高，升力越大。

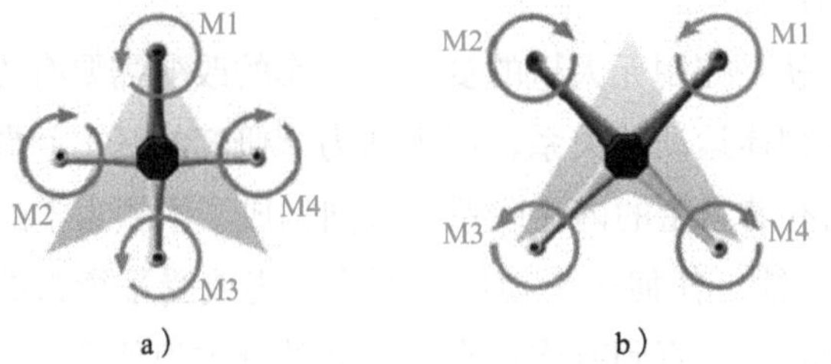

图 1-1-9　四旋翼无人机的飞行模式

a）十字模式　b）X 字模式

（2）六种运动

要操控无人机，就要操控它的各种运动，如图 1-1-10 所示，无人机的整个飞行轨迹都是靠操控它的这六种运动来实现的。

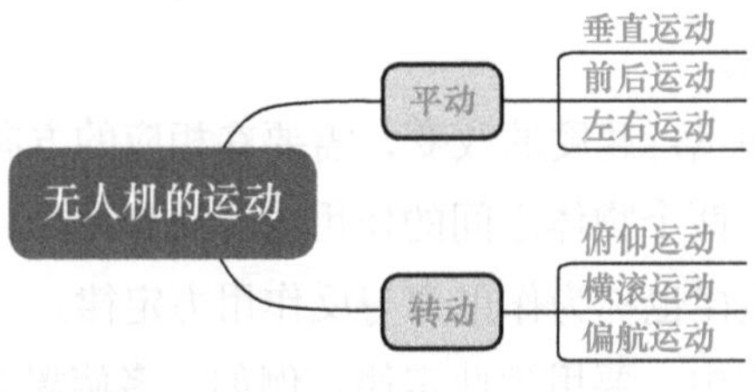

图 1-1-10　无人机的运动

下面在理想状况下来介绍一下无人机各种运动的控制，这里所说的理想状况下就是指无人机的姿态没有其他因素的扰动，有其他因素的扰动就要涉及复杂的控制运算，不在本书的介绍之列，本部分的内容是为了介绍无人机飞行操控而准备的理论基础。

1）垂直运动控制。

当同时增加或减小 4 个旋翼的升力时，无人机垂直上升或下降；当四旋翼产生的升力总和等于机体的自重时，四旋翼无人机便保持平衡状态。如图 1-1-11a 所示，四个旋翼同时增加升力，无人机就开始垂直上升。

2）偏航运动控制。

当顺时针旋转的一对旋翼与逆时针旋转的另一对旋翼转速不同时，不平衡的反扭矩就会引起机体转动，达到方向（航向）控制目的，也就是这里所说的偏航运动控制。如图 1-1-11b 所示，在悬停状态下，图中的 M1 和 M3 同时增加升力，M2 和 M4 同时减小升力，无人机就开始向右（从上往下看顺时针）偏航；反之则向左偏航。

3）俯仰运动控制。

在保持左右两个旋翼转速不变的情况下，增加（或减少）前面旋翼的转速，并相应减少（或增加）后面旋翼的转速，使得前后两个旋翼存在升力差，从而引起机身的俯仰运动。如图 1-1-11c 所示，M2、M4 的升力保持不变，M1 增加升力，M3 减小升力，无人机就开始作抬头运动。

4）横滚运动控制。

在保持前后两个旋翼转速不变的情况下，增加（或减少）左面旋翼的转速，并相应减少（或增加）右面旋翼的转速，使得左右两个旋翼存在升力差，从而引起机身的横滚运动。如图 1-1-11d 所示，M1、M3 的升力保持不变，M2 增加升力，M4 减小升力，无人机就开始向右作横滚运动。

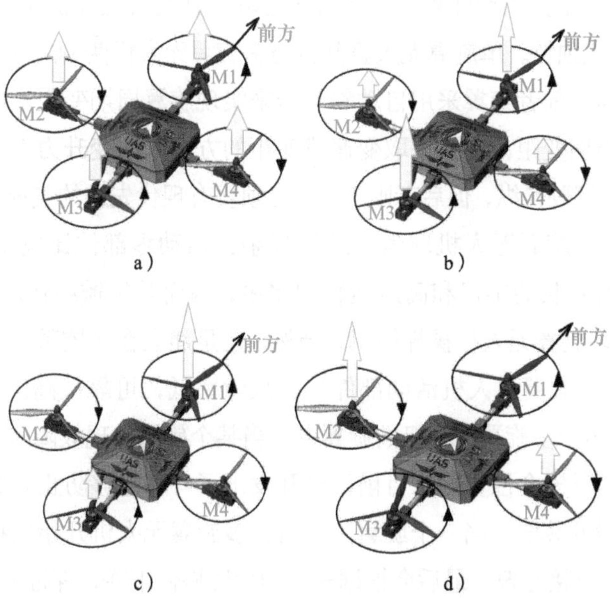

图 1-1-11　四旋翼无人机的操控

a）垂直运动控制　b）偏航运动控制　c）俯仰运动控制　d）横滚运动控制

5）水平方向运动控制。

水平方向运动控制，也就是控制无人机进行前后（或左右）的平动，先通过控制无人机进行俯仰（或横滚）运动，然后保持无人机的姿态，无人机的升力就会产生一个水平分力。如前所述牛顿第二运动定律，物体的加速度跟物体所受的合外力成正比，无人机的姿态和飞行速度的改变，需要在相应的方向上有力的作用。由于水平分力的存在，无人机就会在升力的水平分力的作用下进行水平运动。例如，要操控无人机进行前飞运动，先控制无人机作低头运动，然后保持低头姿态，无人机就开始作前飞运动，如图 1-1-12 所示。

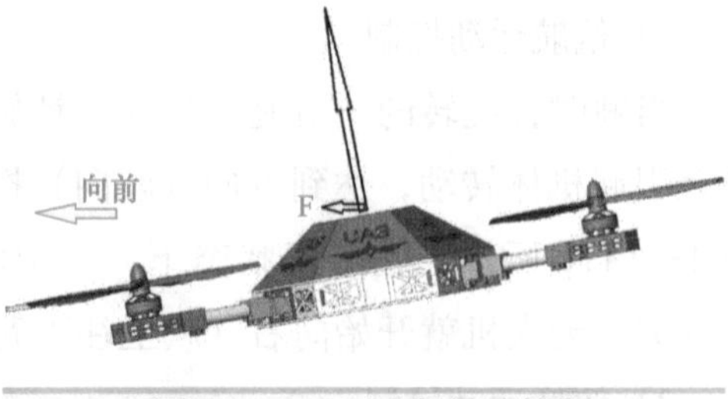

图 1-1-12　无人机前飞控制

1.5　多旋翼无人机的优势

这里所说的优势，是指多旋翼无人机与单旋翼无人直升机的比较。从直升机研制成功开始，一直以来单旋翼直升机一直占据着旋翼飞行器家族的“霸主”地位，世界上绝大多数直升机都是单旋翼直升机，据统计，其他类型的直升机（共轴式、横列式、纵列式）加起来也占不到 10% 的比例。将多旋翼与单旋翼两种旋翼飞行器进行比较，来总结一下多旋翼的优势，这也是多旋翼无人机发展如此迅猛的重要原因。

1）飞行效率高。单旋翼无人直升机飞行时，尾桨要白白损耗发动机 15% 左右的功率，而多旋翼无人机则省去了多余的尾桨，所以它比单旋翼无人直升机飞行效率要高。

2）飞行控制方式独特。单旋翼无人直升机与多旋翼无人机两者之间最大的区别在于旋翼系统有无自动斜倾器，前者旋翼采用自动斜倾器来实现旋翼周期变距；后者旋翼取消了自动斜倾器，旋翼没有周期变距，旋翼采取变速或变距的方法来改变升力大小。前者借助于自动斜倾器可以实现人工驾驶操纵，但后者则不行，必须要有现代先进的飞控系统才能进行操控。

3）结构简单。多旋翼无人机取消了结构复杂、活动零部件比较多的自动倾斜器及其操纵系统，而且没有长长的尾巴和高速运转的尾桨，因而其机械结构简单，维护更为方便。

4）操控性好，多旋翼无人机操控简单，当然，这是建立在飞控系统自动控制的基础上。

5）可靠性高。多旋翼无人机活动部件少，故障率低，可靠性高。

6）安全性好。由于多旋翼无人机的旋翼多，当某个旋翼出现故障时，其他旋翼可起到保障安全的作用，因而其安全性更好，目前已经开发出了一种能够防止多旋翼无人机因为其中一个旋翼失灵而坠毁的算法。当一个旋翼失灵时，多旋翼无人机开始以特定算法设计的方式在空中旋转，不至于直接坠毁，最后会根据一定的角度慢慢下降，保证无人机安全着陆。

7）维护性好。多旋翼无人机传动结构简单，维护简便；采用通用、标准化零部件多，互换性好。

8）耦合特性。多旋翼无人机具有高度的耦合特性，一个旋翼升力发生变化时，会引起其他旋翼及整个系统作出相应的调整。为了及时、准确无误地响应这种调整要求，需要使用可靠的飞控系统。

1.6 多旋翼无人机的应用

多旋翼无机人相较于其他无人机具有诸多优势，与固定翼飞机相比，它具有可以垂直起降，可以定点悬停的优点；与无人直升机相比，它具有机械结构简单、安全性高、使用成本低等优点。所以在国家层面和民用层面都得到广泛应用，如图 1-1-13 所示。

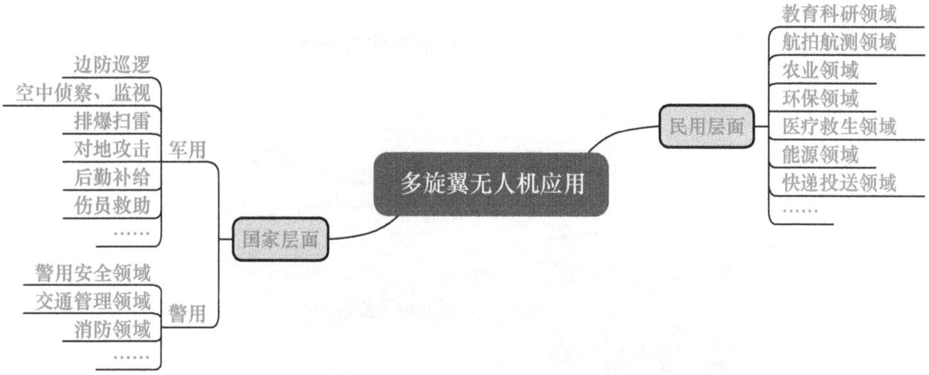

图 1-1-13 多旋翼无人机的应用领域

民用层面广泛应用于农业植保、快递投送、航拍航测、能源巡检、救灾探测、勘探测绘、人员搜救等，如图 1-1-14 所示。

a） b） c） d）

图 1-1-14 民用层面的多旋翼无人机应用（部分）

a) 无人机植保作业 b) 无人机快递投送 c) 无人机航拍作业 d) 无人机电力巡检作业

国家层面主要因其操作灵活、编组突防概率高、低载荷精准投送、隐蔽性高、零伤亡、维修保养便捷高效等优点，主要应用于消防、警用巡逻、边防巡逻、空中侦察、监视、排爆扫雷、对地攻击、后勤补给以及伤员救助等，如图 1-1-15 和图 1-1-16 所示。

图 1-1-15　无人机消防作业演练

图 1-1-16　某国大载荷多旋翼无人机进行军用补给

习题

1）简述无人机和无人机系统的概念。

2）列举几种常见的无人机分类方法。

3）简述多旋翼飞行器相对于固定翼飞行器以及直升机的优缺点。

4）举例说明多旋翼无人机的系统组成。

5）简述多旋翼无人机的应用领域。

6）多旋翼无人机为什么使用正反桨?

7）多旋翼无人机属于全驱动系统还是欠驱动系统，为什么?

8）简述多旋翼无人机的飞行原理。

第2章 遥控发射机基础

2.1 认识遥控发射机

遥控器品牌繁多，本书以 Futaba T14SG 为例进行介绍。遥控器系统包括发射机和接收机，本节从认识发射机开始。图 1-2-1 所示是 Futaba T14SG 遥控器的发射机各部分的名称。下面对发射机的重要部分的使用方法进行介绍。

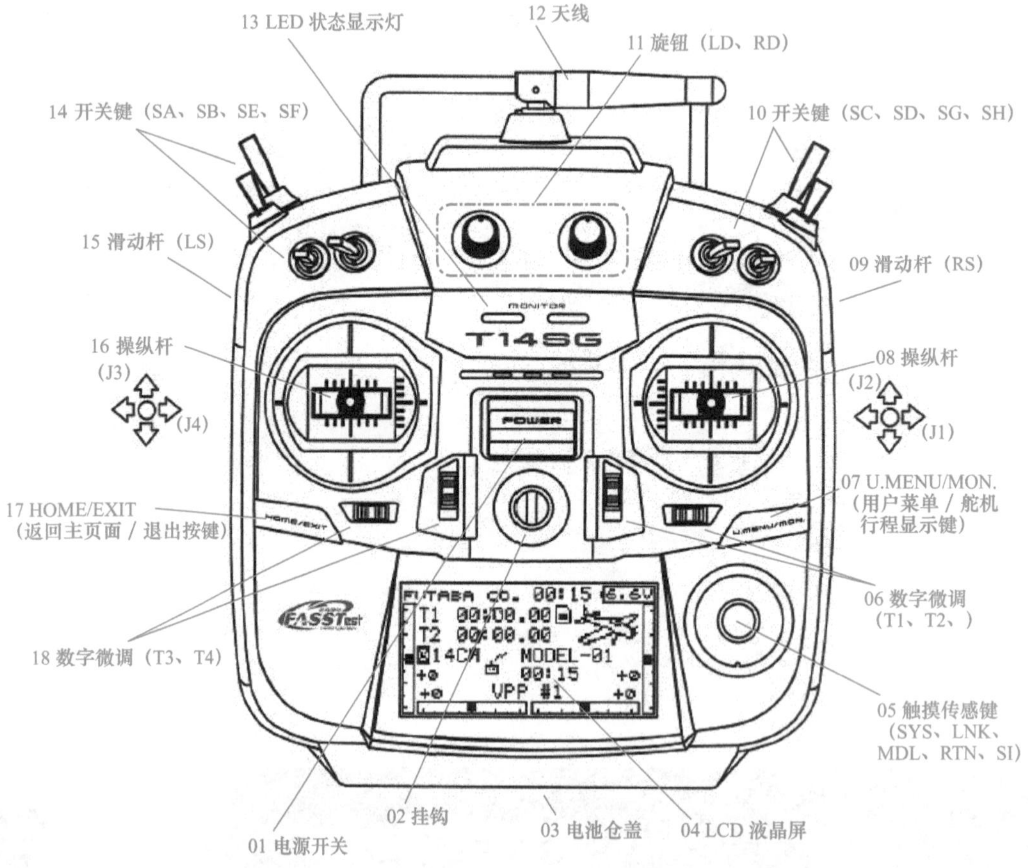

图 1-2-1 Futaba T14SG 遥控器的发射机各部分的名称

1. 电源开关

遥控发射机的电源开关位于遥控面板的中央，如图 1-2-1 所示，图中编号 01，上下拨动即可打开或关闭遥控发射机的电源。向上拨动此开关即打开遥控发射机电源，发射机开机，即进入待机状态。

2. LED指示灯

发射机开机之后，注意观察发射机的 Logo 上方有两个 LED 灯，左红右蓝，如图 1-2-2 所示。这两个 LED 灯用于显示遥控发射机的状态，左边红色指示灯在发射机使用时常亮，在任意条件开关 FUN 被激活的状态下，红灯闪烁并发出报警音；右边指示灯为蓝色，表示遥控信号的发射状态，如果熄灭，表示无发射信号，长亮则表示正在发射信号。

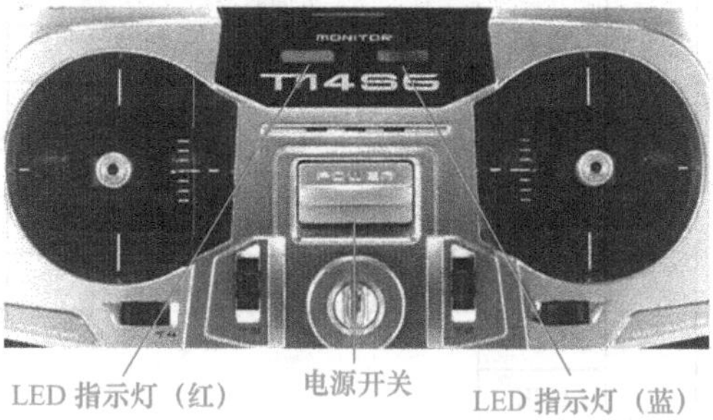

图 1-2-2 电源开关和 LED 指示灯

3．微调开关

微调开关是对操作杆的操作进行微调的，如图 1-2-3a 所示，图中的 T1、T2、T3 和 T4，每一个操纵杆的两个操作方向分别有一个对应的微调开关，每触动一次小微调开关，对应操作杆的控制方向的微调位置就会按照调整的方向移动，但如果持续按住微调开关，微调位置的移动速度会加快。微调开关在中立位置时，提示音会不同，专门提示中立点位置。微调位置在液晶屏的主页面的两侧和下面实时显示，如图 1-2-3b 所示。

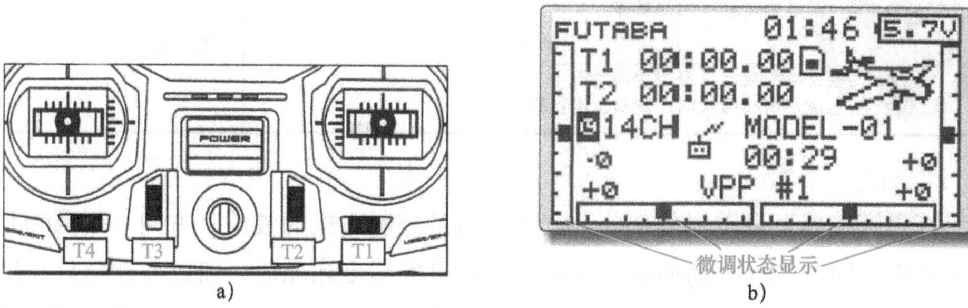

图 1-2-3 微调开关及其状态显示

a) 微调开关吸气 b) 微调状态显示

4．触摸传感键

触摸传感键是这款遥控器进行参数设置时最核心的操作按键，菜单页面和设定页面中各项目之间的光标移动可通过在触摸传感键上左右滑动进行操作，如图 1-2-4 所示。触摸传感键的具体操作见表 1-2-1。

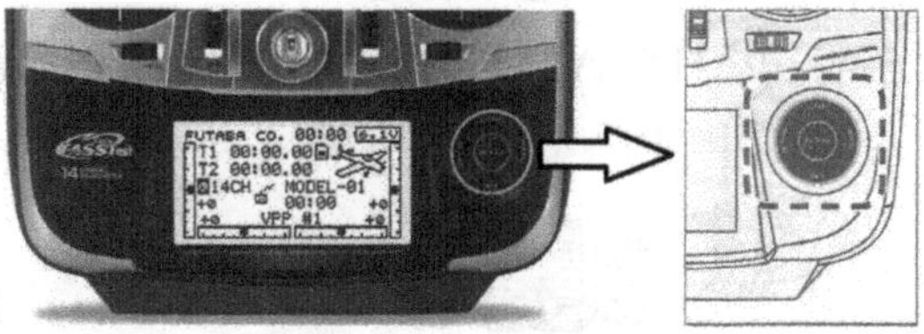

图 1-2-4 触摸传感键

表 1-2-1 触摸传感键的具体操作

操 作			状 态	动 作
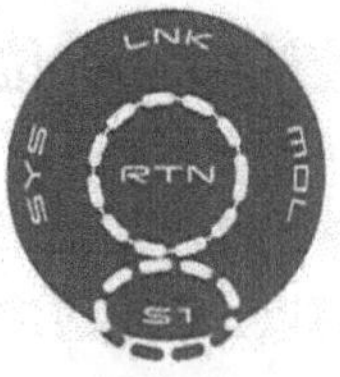	触摸	S1	有下一个页面时	光标会移动到下一页标题处
			仅有一个页面时	光标会移动到本页标题处
			输入数据模式（数据闪烁时）	删除输入的数据
		RTN	光标移到模式	切换到光标输入模式
			数据输入模式	切换到光标移动模式
			输入数据模式（数据闪烁时）	决定输入数据
	触摸两次	SYS	所有页面	移动至系统菜单 System Menu
		LNK		移动至关联菜单 Linkage Menu
		MDL		移动至模型菜单 Model Menu
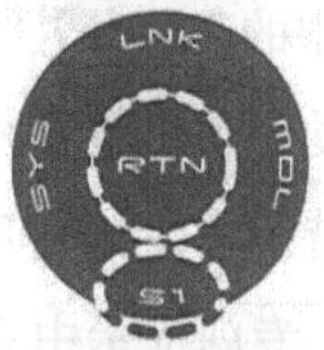	长按一秒	S1	主页面	按键锁定的设定 / 解除
		RTN	数据输入模式	返回初期值
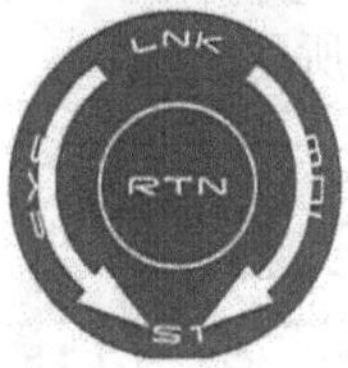	滑动	RTN 外圈	光标移动模式	光标移动
			数据输入模式	数据更改

5. 操纵杆

操纵杆是遥控器上最重要的部分，它的作用是控制飞机的油门、方向、副翼和升降，使用最为频繁。因为操纵杆的使用直接影响到操纵的精度和品质，所以要调整好操纵杆，以完全适应于操作者的习惯。

（1）杆头长度调整

杆头长度对飞行操控至关重要，杆头过长或过短都会影响操纵的精度和品质，甚至会导致操纵无法完成，根据操作者的手的大小和操纵习惯，要求在操纵杆的运动范围内操纵自如，杆头的结构如图 1-2-5 所示，调整步骤如下：

1）固定操纵杆头 B，将操纵杆头 A 按逆时针方向旋转即可解锁；

2）将操纵杆头 B 向需要调整的方向移动，达到所需长度要求；

3）固定杆头 B，然后将操纵杆头 A 按顺时针方向旋转直至锁定。

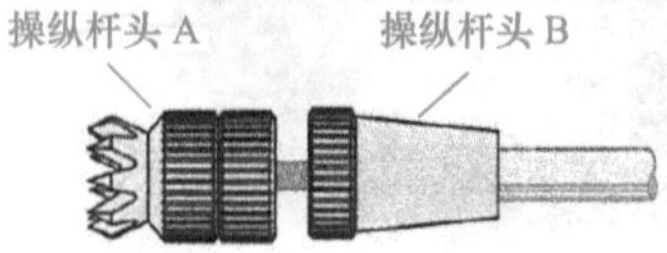

图 1-2-5 杆头的结构

（2）操纵杆的松紧度调整

操纵杆的松紧度调整就是调整操纵杆自动回中时的弹力大小，调整步骤如下：

1）打开发射机下部的电池仓盖，拆下电池接口，如图 1-2-6 所示；

2）拆下操纵杆一侧的侧边盖，如图 1-2-7 所示；

3）拆下遥控器背面的握柄，如图 1-2-8 所示；

4）旋转各操纵杆对应的螺钉，按照操作者的习惯进行松紧度的调整，如图 1-2-9 所示；

5）调整结束后，将前三步的操作还原。

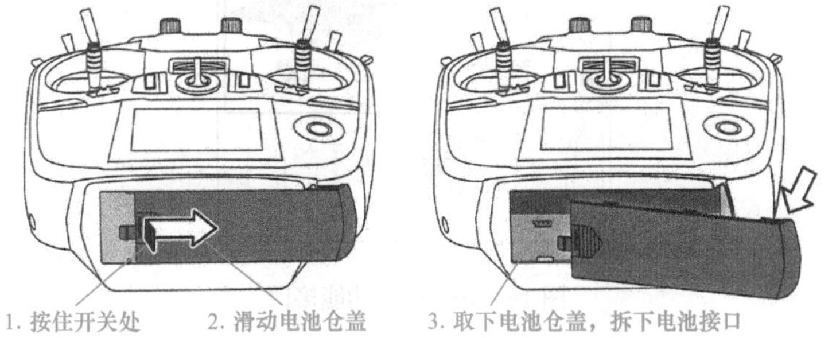

图 1-2-6　打开电池仓盖，拆下电池接口

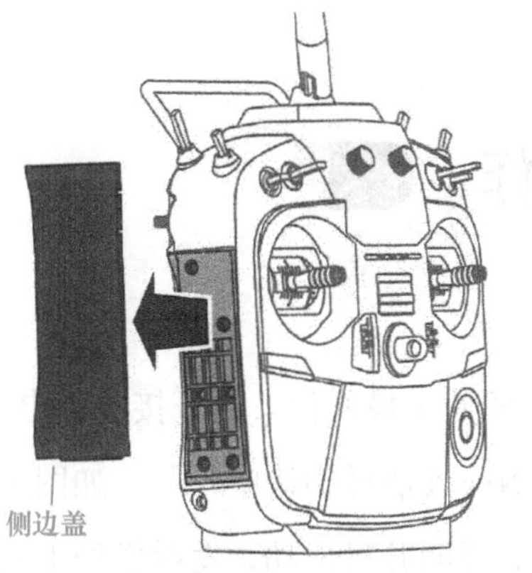

图 1-2-7　拆下侧边盖

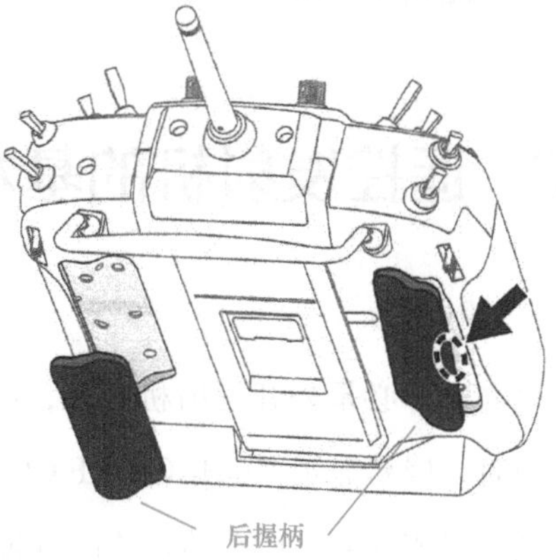

图 1-2-8　拆下后握柄

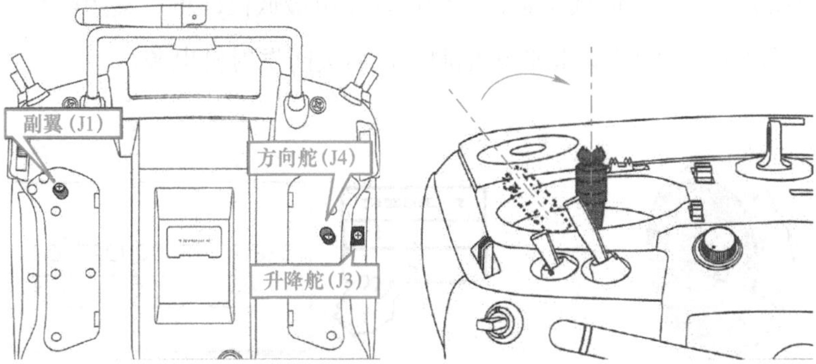

图 1-2-9　调整操纵杆的松紧度

6. 教练功能接口

需要对学生或者其他新入门的操作者进行带飞时，需要使用教练功能。在使用教练功能时，教练线连接教练用发射机和学生用发射机，也可以连接无线教练装置。教练功能接口在发射机背面中间位置，如图 1-2-10 所示。

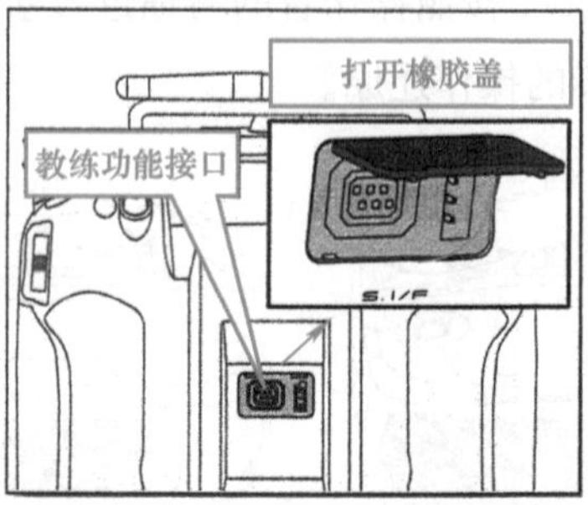

图 1-2-10　教练功能接口

限于篇幅，本书只介绍发射机的重要部分，在后续训练科目中需要马上使用的其他部分的操作请参阅相关资料。

2.2　遥控发射机的基本操作

1. 发射机电源开关

打开电源时务必是先开发射机电源，确保油门杆处于最低位，再开接收机电源，发射机打开电源时，屏幕显示“CHECK RF CONDITION…（信号确认中）”，如图 1-2-11 所示。LED 指示灯先左红，后右蓝，并保持长亮状态，说明开机成功，发射机处于发射状态，如果指示灯处于其他状态，则不能飞行，具体描述见表 1-2-2。如果开机后发射机发出报警，是油门操纵杆未处于最低状态，将油门杆放至最低位即可；关闭电源时务必确保发动机或电机已经停止，然后关闭接收机电源，最后关闭发射机电源。

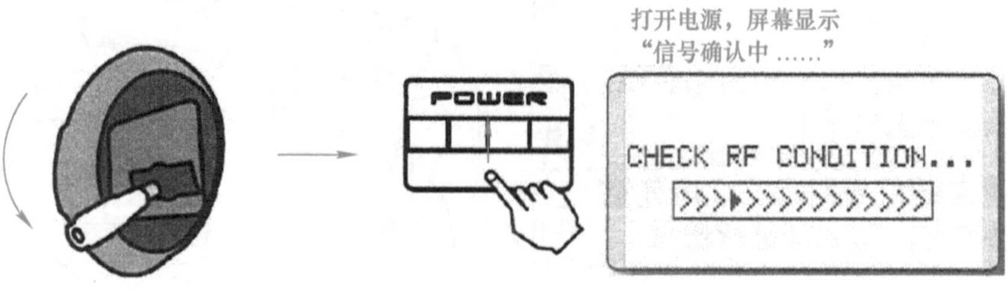

图 1-2-11　打开发射机电源

表 1-2-2 LED 指示灯状态说明

序 号	指示灯状态	情 况 说 明
1	红灯闪烁	处于报警状态
2	蓝灯熄灭	无发射信号状态
3	蓝灯闪烁 2 次	处于测距模式
4	红、蓝灯长亮	可以飞行

2. 主页面基本操作

发射机开机后，当发射机工作正常后，主页面显示如图 1-2-12 所示，这个界面是使用和操控发射机所必须要掌握的，具体含义和操作说明如下。

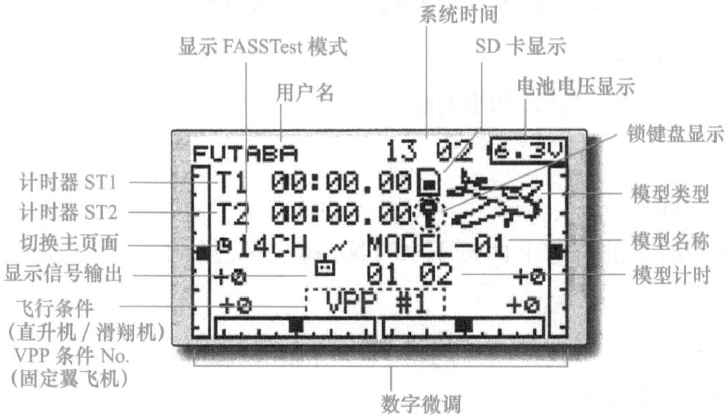

图 1-2-12 主页面显示

（1）模型计时

此处会显示各个模型的使用时间，格式是（小时）:（分钟），将光标移动至此处并按住 <RTN> 键 1s，就可以对计时进行重置。

（2）模型名称

此处会显示当前使用的模型名称。将光标移动至此处并按 <RTN> 键，可以进入模型名称设置和选择界面。

（3）模型类型

显示当前使用的模型类型。

（4）锁键盘显示

当设定为锁键盘模式时，屏幕上会显示钥匙的图标。此时触摸传感键的感应区被锁定。锁定与解锁在主页面状态下按住 <HOME/EXIT> 键或按 <S1> 键 1s，即可锁定或解锁。

（5）电池电压显示

当电池电压低于报警设定电压时，发射机会发出声音警告，请尽快让无人机着陆。

（6）SD 卡显示

有此图标，表明发射机使用 SD 卡，未使用 SD 卡时不显示此图标。

(7) 系统时间

此处会显示从上次系统重置后打开电源时开始计算的累计使用的时间。格式是(小时):(分钟)，将光标移动至此处并按住 <RTN> 键 1s，可对系统计时进行重置。

(8) 用户名

是显示用户名，可双击 <SYS> 键进入系统菜单进行设置。

(9) 显示 FASSTest 模式

此处会显示 FASSTest 模式，将光标移动至此处并按 <RTN> 键，可以进入模式设置和选择界面。

(10) 计时器

显示计时，将光标移动至此处并按 <RTN> 键，可以进入设置界面。

(11) 信号输出显示

显示当前的信号输出状态。如果有信号发出，则此处显示图标。如果没有信号发出，则此处不显示图标。

(12) 切换主页面

将光标移动到时钟的符号上面按下 <RTN> 键，将会从主页面切换到以计时显示为主的界面，如图 1-2-13 所示。

(13) 飞行条件

此处会显示当前使用的飞行条件。

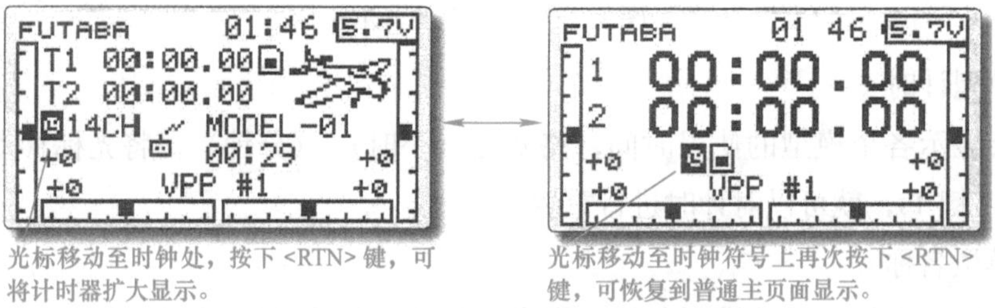

图 1-2-13 切换主页面

3. 对频操作

发射接收的连接操作（也叫对频 / 配对操作），每台发射机都有个单独分配的专属 ID 码。接收机在使用之前，需要先读入发射机的 ID 码（即对频操作）。一旦进行过一次对频操作后，此发射机的 ID 码就会被此接收机记载，下次使用时无须再次进行对频操作。如果此接收机中途与其他发射机进行配对，则下次使用时需要重新对频操作。具体操作步骤及注意事项如下：

1）对频操作时，无人机不可连接电机或发动机等动力设备。否则如果电机或发动机发生意外启动，会造成极大危险。

2）对频操作完成后，请重启接收机电源，并操作发射机，确认对频是否成功。

3）发射机和接收机保持在 50cm 距离以内，如图 1-2-14 所示，打开发射机电源。

4) 在关联菜单下打开系统“SYSTEM”页面(双击触摸传感键<LNK>, 选择“SYSTEM”按下 <RTN> 键)，如图 1-2-15 所示。

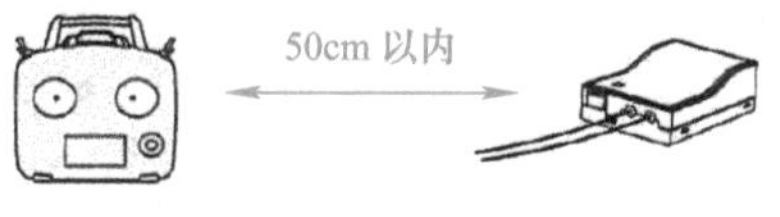

图 1-2-14　保持在 50cm 以内

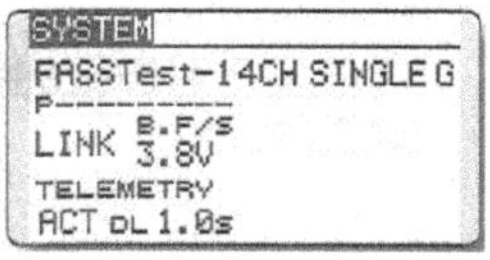

图 1-2-15　进入对频界面

5）如果使用 1 只接收机，请选择“SINGLE”，如果一台发射机要使用 2 只接收机则选择“DUAL”。选择“DUAL”时，如图 1-2-16 所示，需同时和 2 只接收机对频。在双接收机“DUAL”模式，先进行主接收机对频，之后进行副接收机对频。

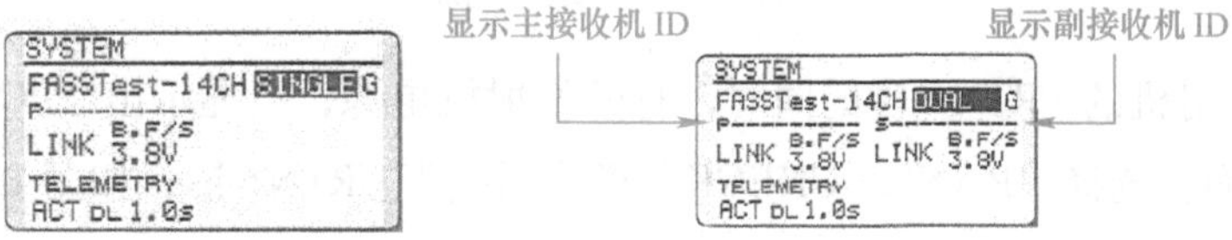

图 1-2-16　选择接收机个数

6）电池失控保护的初期设定值为 3.8V，可以通过 B.F/S 对预设电压进行更改。

7）滑动触摸传感键选择“LINK”并按下 <RTN> 键。发射机会发出滴滴声表示已经进入对频模式，如图 1-2-17 所示。

8）进入对频模式后，请立刻打开接收机电源。

9）接收机电源打开后约 2s，接收机进入等待对频状态。

10）接收机的 LED 指示灯从闪烁到绿灯长亮，表示对频完成，如图 1-2-18 所示。

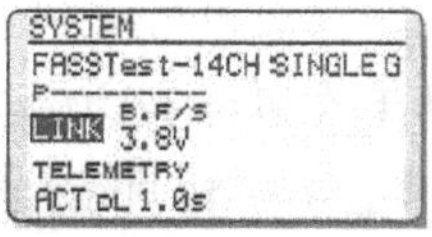

图 1-2-17　选择“LINK”并按下 <RTN> 键

图 1-2-18　对频完成

11）如果周围有其他 FASSTest-2.4GHz 系统发射机在输出信号，接收机的 LED 即使亮起绿灯，也可能是因为误读入了其他发射机 ID 码。因此，在使用前一定要再次打开接收机电源，试着操作舵机工作，确认是否是从自已的发射机发出的正确信号。

4. 距离测试

为确保遥控器的安全使用，在飞行前请务必进行范围（距离）测试。发射机进入范围（距离）测试的检测模式，可以降低信号输出，在飞行前近距离进行检测，如图 1-2-19 所示。具体操作步骤及注意事项如下：

1）绝对不可以在测距模式进行飞行，可能造成信号无法传输导致无人机坠落。

2）在测距模式下，如果助手没有固定好机体，不可以启动发动机或连接电机配线，可能会引发螺旋桨或旋翼的意外旋转，造成伤害。

3）进行发动机启动、电机旋转等测试时，助手一定要切实地固定住机体，即使发生意外高速旋转，也务必以固定机体为首要职责，避免发生飞机飞出造成事故。

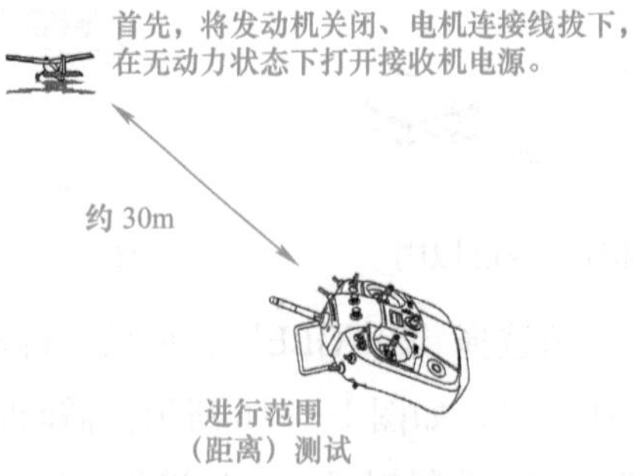

图 1-2-19　距离测试

4）按下发射机的 <RTN> 键的同时，打开发射机电源，会显示出“POWER MODE”模式切换的画面。选择“RANGE CHECK”模式后按下 <RTN> 键，如图 1-2-20 所示。

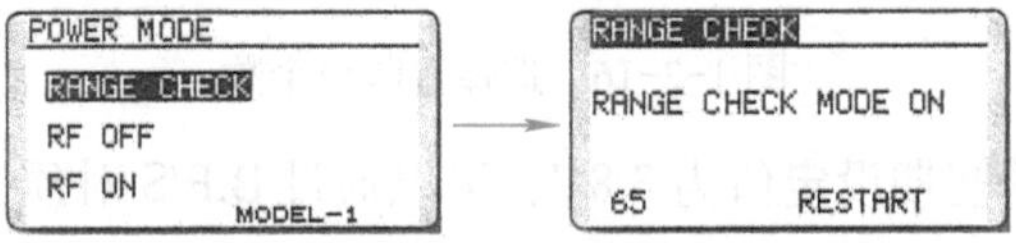

图 1-2-20　进入距离测试界面

5）测距模式下，高频头输出信号时发射机会发出提示音，同时，右侧的 LED 灯双闪（测距模式经过 90s 后会自动解除，恢复到普通的信号输出状态。如果想立即解除测距模式，可以在测距模式下按 <RTN> 键。如果想要延长测距模式，可以将光标移动至“RESTART”位置并按下 <RTN> 键）。

6）一边拨动操纵杆，一边远离机体。请一位助手在机体旁边确认所有操作是否完全正确。请在远离机体 30m 左右的位置进行操作确认，看无人机是否能得到有效的控制。

7）所有动作正常后，返回机体旁边。油门操纵杆从最低位置开始启动发动机或电机。请助手固定住机体，之后令发动机转速变化，继续进行范围（距离）测试。

5. 发射机的握持手法

遥控发射机的握持手法，对于手动控制无人机的飞行有十分重要的意义。正确的握持手法对于精准控制无人机来说，具有很重要的作用，业内公认造成无人机操纵困难的一个原因就是没有预判。在手动飞行过程中手指脱离操纵杆，当发生紧急情况时才仓促反应，以至于不能正确地控制操纵的节奏和幅度，动作变形，造成无人机偏离正确航线，严重的甚至造成无人机的损毁，所以要有规范的握持手法。

规范的遥控发射机握持方式应该是无人机驾驶员面向无人机站立，双脚与肩同宽，双臂自然放松，手掌对称轻握遥控发射机，根据手臂长度将遥控发射机置于肚脐上下比较放松的位置，如图 1-2-21 所示。

对于操纵杆的握法主要有两种，单指握法和双指握法。

单指握法受到一些喜欢特技飞行的玩家追捧，方法是将拇指指肚压在操纵杆的顶端以控制操纵动作，如图 1-2-22 所示，其优点就是反应速度快，灵活。

双指握法是比较常见的一种，方法是拇指和食指共同配合来拨动操纵杆，其他手指根据需要用来拨动遥控发射机上的其他开关，如图 1-2-23 所示。拇指的指肚始终压在操纵杆的顶端以控制操纵动作，食指指肚始终放在操纵杆的侧面起到稳定的作用，食指就像弹簧一样，用来缓冲拇指带动操纵杆的运动，从而使操控的动作更细腻、更精准。

两种握法各有优势，适合的才是最好的，初学者根据自己的爱好进行选择，勤加练习，都能达到良好的操控效果。

图 1-2-21　发射机的握持手法

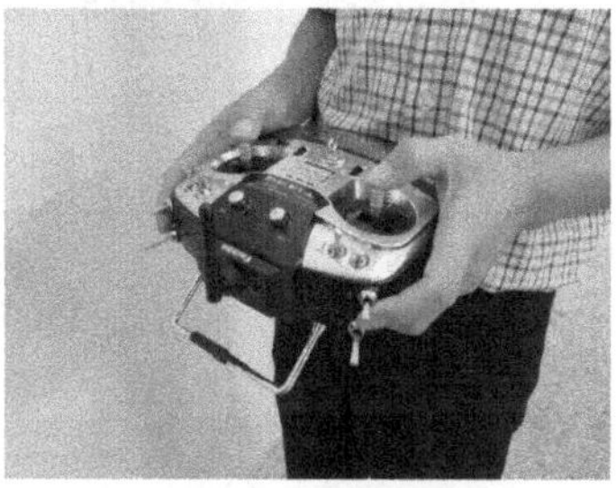

图 1-2-22　单指握法

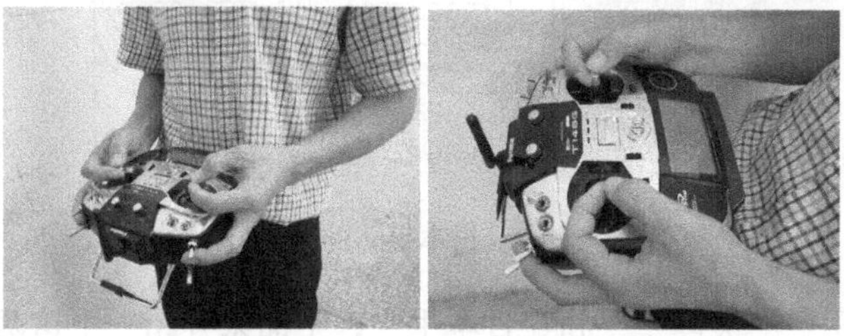

图 1-2-23　双指握法

6．操纵杆的操作

发射机的两个操纵杆分别控制无人机的副翼、升降舵、方向舵和油门，这是发射机控制无人机时使用时间最长、使用频率最高的两个操作杆。

操纵杆是发射机最重要的操作部件，共输出四个通道的信号，如图 1-2-1 所示，图中编号 08 和 16，这两个操纵杆控制无人机的油门、方向、升降和副翼，根据无人机驾驶员操作习惯的不同，发射机的两个操作杆的控制通道有不同的模式，分为“中国手”“美国手”和“日本手”。“中国手”的控制模式就是左边的操纵杆用来控制无人机的升降和副翼，右边的操纵杆控制无人机的油门和方向，如图 1-2-24 所示；“美国手”即左边的操纵杆用来控制无人机的油门和方向，右边的操纵杆控制无人机的升降和副翼，如图 1-2-25 所示；“日本手”则是左边的操纵杆用来控制升降和方向，右边的操纵杆用来控制油门和副翼，如图 1-2-26 所示。

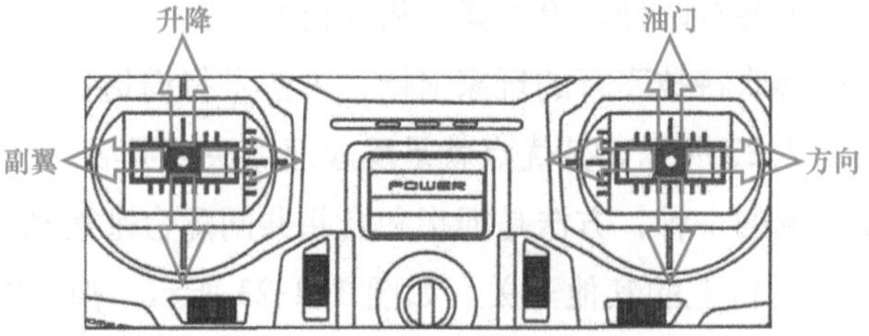

图 1-2-24 “中国手”的操作模式

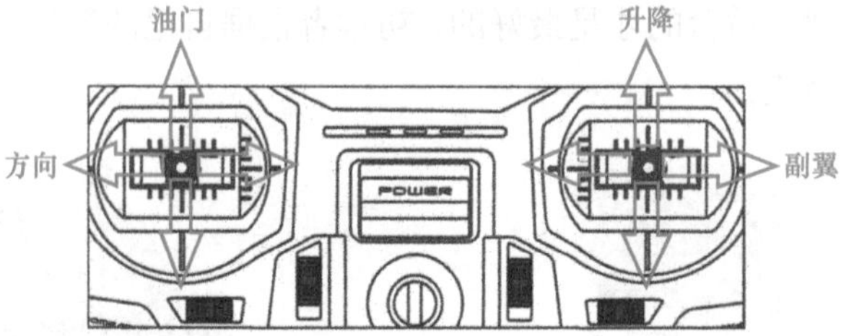

图 1-2-25 “美国手”的操作模式

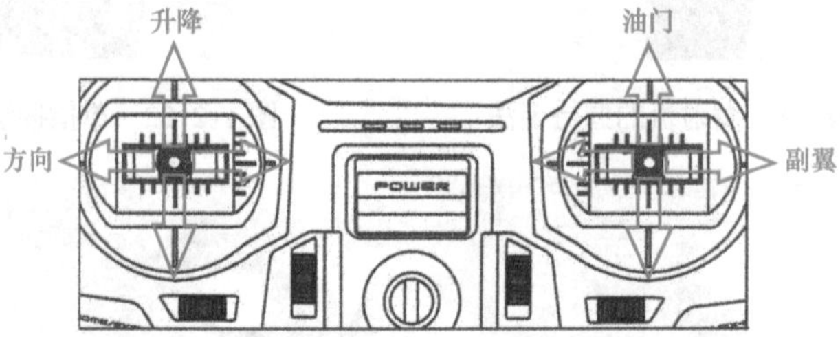

图 1-2-26 “日本手”的操纵模式

了解了“中国手”“美国手”和“日本手”，下面来介绍一下这两个操纵杆是如何控制无人机进行飞行的，发射机的两个操纵杆共输出四个通道的信号，下面以“美国手”为例进行介绍：

（1）油门通道

对于“美国手”的操作模式来说，油门通道是左操纵杆的前后推拉，控制多旋翼无人机的飞行高度，如图 1-2-27 所示，油门杆往前推，提高发动机转速，增加升力，无人机上升，反之则下降。

（2）方向舵通道

方向舵通道是左操纵杆的左右压杆，控制多旋翼无人机的左右旋转（偏航控制），如图 1-2-28 所示，左杆向左压杆，无人机向左旋转，左杆向右压杆，无人机向右旋转。

（3）副翼通道

副翼通道是右操纵杆的左右压杆，控制多旋翼无人机的左右飞行，如图 1-2-29 所示，右杆向左压杆，无人机向左飞行，右杆向右压杆，无人机向右飞行。

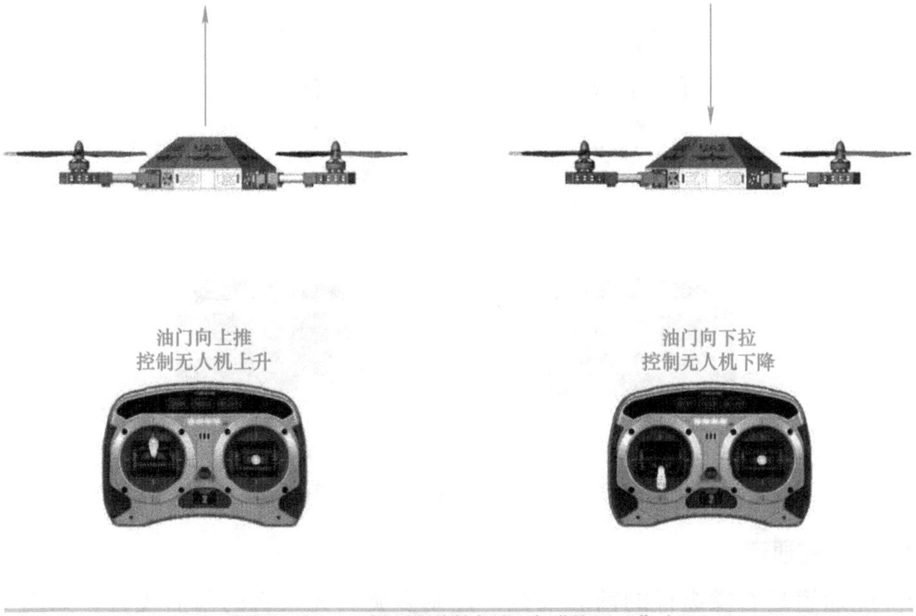
油门向上推
控制无人机上升
油门向下拉
控制无人机下降

图 1-2-27　油门通道的操作（“美国手”）

方向舵左压
控制无人机向左旋转
方向舵右压
控制无人机向右旋转

图 1-2-28　方向舵通道的操作（“美国手”）

图 1-2-29 副翼通道的操作（“美国手”）

（4）升降舵通道

升降舵通道是右操纵杆的前后推拉，控制多旋翼无人机的前后飞行，如图 1-2-30 所示，右杆向前推杆，无人机向前飞行，右杆向后拉杆，无人机向后飞行。

图 1-2-30 升降舵通道的操作（“美国手”）

2.3 遥控发射机的基本设置

发射机出厂时初始设置了一个模型，不一定适合自己使用，而且在设备的使用过程中往往需要控制多种无人机，所以要根据任务要求进行发射机的设置。下面介绍最主要的几个设置步骤（以固定翼为例），受篇幅所限，其他的功能设置不多作介绍。

1．模型的添加和调用

（1）调用已经添加的模型

这一功能便于对名称已经被记录的模型进行选择调用，如图 1-2-31 所示，将光标移到模型名称，按下 <RTN> 键，进入模型调用界面，选择要调用的模型名称，确认即可。在飞行、更改参数设置之前一定要先确定是否选择了正确的模型。

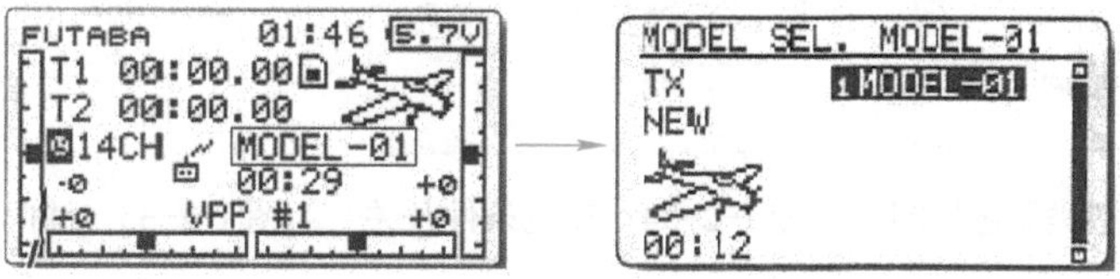

图 1-2-31　调用模型

（2）添加新的模型

进入模型调用界面后，将光标移到“NEW”，按下 <RTN> 键，然后长按 1s 就进入添加模型界面，当新添加了一个模型的时候，模型类型选择界面（MODEL TYPE）和系统类型（SYSTEM）区域选择等界面将会自动调出。请根据所使用的模型和接收机进行选择变更，如图 1-2-32 所示。

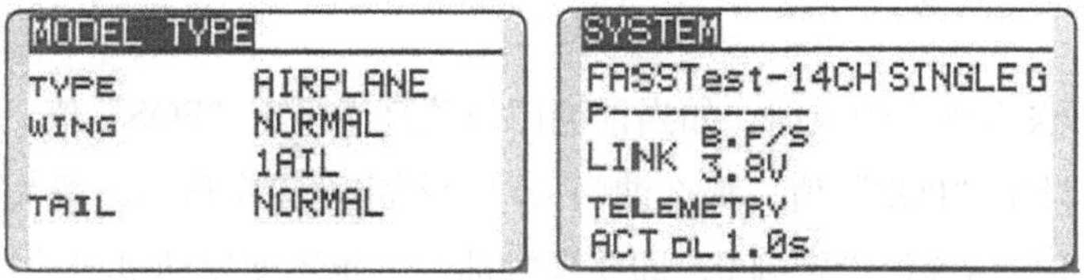

图 1-2-32　新的模型的参数设置界面

2．模型类型选择

使用关联菜单（Linkage Menu）下的模型类型选择界面（MODEL TYPE），选择与飞机相符的模型类型，将光标移到“TYPE”后面的按键处，按下 <RTN> 键，即可进入模型类型选择，包括固定翼、直升机、滑翔机、多旋翼等。

3．油门锁定的设定

油门锁定设置（THR HOLD），此功能一般是直升机自旋（熄火）降落时使用，该功能可锁定发动机油门位置在怠速位置或者使发动机熄火。设置步骤如下：

1）模型类型切换：在关联菜单下调出模型类型（MODEL TYPE）设置界面，将默认固定翼模型（AIRPLANE）切换至直升机模型（HELICOPTER），如图 1-2-33 所示。

2）条件选择开关设置：在模型菜单下调出飞行条件选择（CONDITION SELECT）设置界面，选择锁定（HOLD）条件开关，设置“HOLD”处开关拨杆，如图 1-2-34 所示。

3）油门位置锁定设置：在模型菜单下调出油门锁定（THR HOLD）设置，在“HOLD

POS.”选项上，可设置油门锁定后的油门位置，最小为 0，最大为 50%，如图 1-2-35 所示。

4）油门响应速度设置：在同一菜单内，“SPEED”选项可设置 0 ～ 27 数值，即当数值为 0 时，拨动步骤 2 设置的开关时，当前油门位置会以最快速度锁定至步骤 3 设定的油门位置，当数值为 27 时，当前油门会以系统设置最慢速度到达步骤 3）设定的油门位置。

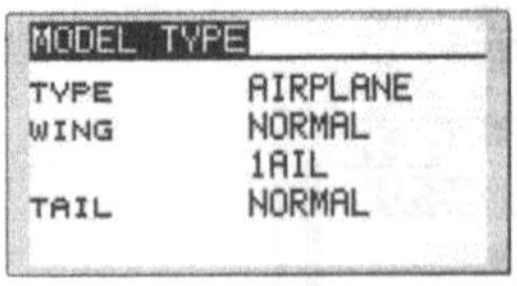

图 1-2-33 模型类型选择图

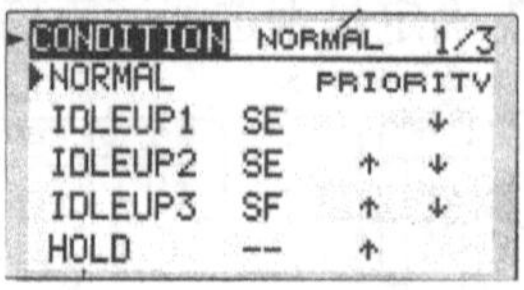

图 1-2-34 锁定条件开关

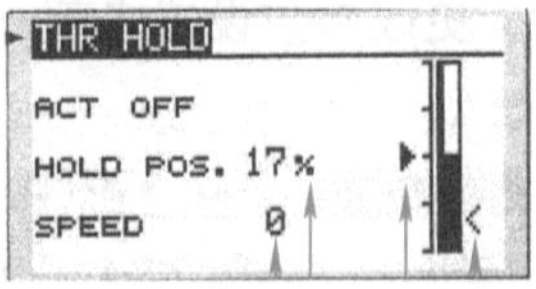

图 1-2-35 油门锁定设置界面

4. 油门熄火设置

油门熄火功能（THR CUT），在无人机飞行操控过程中十分重要，设定好此功能，可以一键锁定油门，避免因误碰油门杆而引起发动机意外启动。设置步骤如下：

1）打开该功能：在关联菜单下打开油门熄火（THR CUT）功能，将“ACT”位置的“INH”选项切换为“ACT”（打开此功能），如图 1-2-36 所示。

2）设定开关：在该菜单下的“SW”处选择该功能的开关。

3）熄火时油门行程量的设置：在该菜单下，设置“POS”后的数值大小，最小为 0，最大为 50%。

4）当拨动开关至油门熄火时，如当前油门位置高于设定“POS”值，不会锁定油门，若当前油门低于设定“POS”值，那么油门会马上锁定至设定值（一般为了安全，防止发动机旋转，“POS”值建议设定到 0，即使误触油门，也不使发动机启动）。

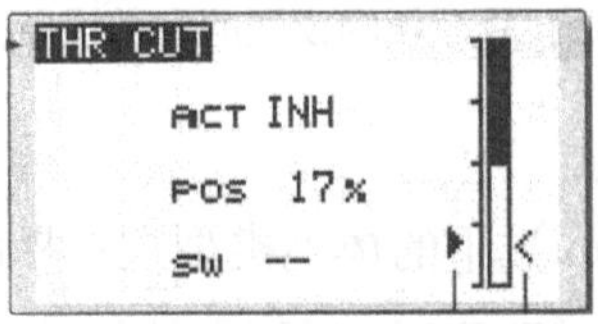

图 1-2-36 油门熄火设置

5. 舵机反向设置

在无人机起飞之前要认真确认各个通道的操控方向是否正确，如果不正确就通过这个功能进行设置，如图 1-2-37 所示，具体设置步骤如下：

1）将光标移动至需要进行反向操作的通道上，按下 <RTN> 键切换到数据输入模式。

2）滑动触摸传感键面板，显示“REV”（英文单词 Reverse 的缩写，含义是“反向”）或“NORM”（英文单词 Normal 的缩写，含义是“正常”），此时闪烁显示。

3）按下 <RTN> 键完成舵机动作的反转，并恢复到光标移动模式。

对于其他需要进行反向的各个通道，重复以上操作即可。

图 1-2-37 舵机反向设置

6. 舵机行程量设置

此功能用来调整舵机两方向转动行程和差速转动，并可以用来纠正不正确的连接设定。两方向行程可以在 0 ～ 140% 之间进行调整。

最大行程量限制点可以在 0 ～ 155% 之间调整。设定此限制点后，即使操作中因为“混控”等原因使得舵机行程量增加，舵机的动作也不会超越限制点，从而起到保护舵机的作用，如图 1-2-38 所示，调整步骤如下：

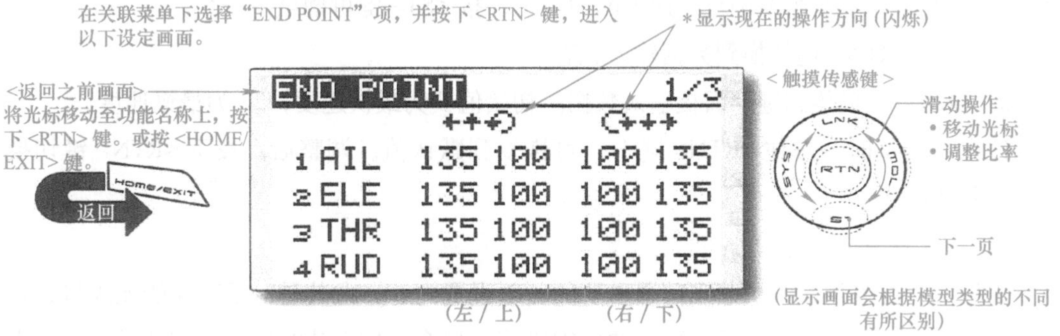

图 1-2-38 舵机行程量和行程量限制点的调整

（1）舵机行程量的调整

1）将光标移动至要设定的通道的行程量上（内侧数值 / 初始值为 100%），按下 <RTN> 键切换到数据输入状态。

2）滑动“触摸传感键”面板，进行调整。默认值是 100%，调整范围是 0 ～ 140%，调整后，按下 <RTN> 键恢复到光标移动模式（调整时，按住 <RTN> 键 1s，可恢复到默认值）。

3）其他通道需要调整时，重复这一操作。

（2）行程限制点的调整

1）将光标移动至要设定的通道的限制点上（外侧数值 / 初始值为 135%），按下 <RTN> 键切换到数据输入状态。

2）滑动“触摸传感键”面板，进行调整。默认值是 135%，调整范围是 0 ～ 155%，调整后，按下 <RTN> 键恢复到光标移动模式（调整时，按住 <RTN> 键 1s，可恢复到默认值）。

3）其他通道需要调整时，重复这一操作。

7. 舵机速度设置

舵机速度设置是设置舵机的响应速度，此功能可以设定 1 ～ 12 通道的舵机的速度。调整范围从 0 ～ 27.0 为速度最快的状态到速度最慢的状态，随着数值的增加，速度越来越慢，设置界面和方法，如图 1-2-39 所示。

图 1-2-39 舵机速度设置

设置步骤如下：

1）将光标移动至需要调整的速度的通道上。按 <S1> 键可翻至下一页。

2）按下 <RTN> 键切换到数据输入状态。

3）滑动“触摸传感键”面板输入数据。初始值 0 为最快速度，27 为最慢速度。

注意：调整时，按住 <RTN> 键 1s，可恢复到默认值。调整后，按下 <RTN> 键切换到光标移动模式。

8. 失控保护设置

失控保护设置是无人机起飞前很重要的一项设置内容，尤其是对于普通的无人机，它没有功能强大的控制系统，没有更多的保护措施，那么遥控系统的失控保护几乎就是无人机失控时的最后一根救命稻草，所以在无人机飞前准备工作中务必检查失控保护是否设置正确。

此功能可以预先设定当接收机接收不到发射机的信号，或者接收机电池缺电时舵机摇臂需要保持的位置。设置时要注意，特别是对于油门通道的失控保护，固定翼飞机一定要设定在怠速位，直升机一定要设定在比悬停状态再低一点的位置，这样固定翼飞机的飞行速度会降低，而直升机会从悬停状态减速。否则，在无法正常收到信号时，如果以高速坠落是非常危险的。

设置方法如图 1-2-40 所示，具体步骤如下：

1）将光标移动至需要设定的通道的“F/S”位置上，按下 <RTN> 键切换到数据输入模式。

2）逆时针滑动“触摸传感键”面板，显示“F/S”。此时显示为闪烁状态。

3）按下 <RTN> 键，中途要取消操作可滑动“触摸传感键”面板或单击 <S1> 键。

4）将光标移动到“POS”位置。

5）操作相应通道的操纵杆、滑动控制杆或其他控制件，使之保持在期望的失控保护状态下的位置，按住 <RTN> 键 1s。

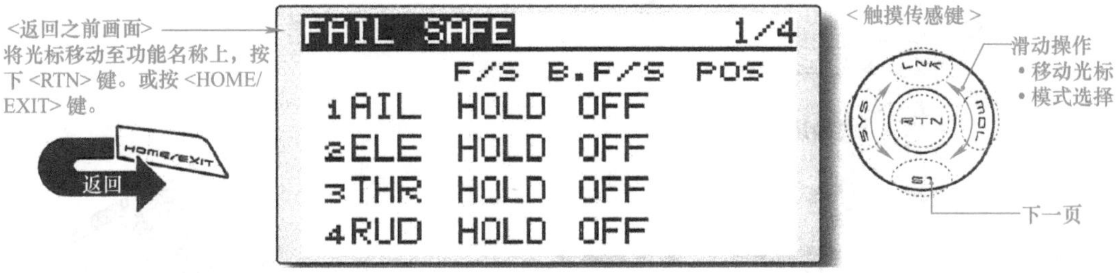

图 1-2-40 失控保护设置

注意：位置设定通过百分比显示。

如想将此通道恢复到“HOLD”模式，只需将光标再移动至“F/S”位置上，按下 <RTN> 键，并顺时针滑动“触摸传感键”面板，显示出“HOLD”后，按下 <RTN> 键，则更改为“HOLD”（锁定）模式。

2.4 安全操作规程

1. 飞行时的注意事项

1）飞行中绝对不要握住发射机的天线，如图 1-2-41 所示。手握天线会导致发射机输出信号衰减至极低。

2）如果受到其他 2.4GHz 系统或大功率无线电波干扰影响导致信号无法传输时，请立即停止使用。

3）在测距模式状态下，绝对不可以飞行。在测试距离专用的“测距模式”下，遥控距离非常小，容易造成无人机坠落的危险。

4）请勿将其他发射机或手机等无线电发射设备靠近或接触正在操作的发射机，可能会影响信号发射。

5）飞行中，天线的末端不要朝向飞机机身的方向，如图 1-2-42 所示。天线轴线方向上的信号输出是最弱的（天线横侧方向的信号为最大）。

6）雨天、大风天以及夜间禁止飞行。

7）在飞行过程中或是发动机 / 电机运转过程中绝对不可以关闭发射机的电源开关。某些无人机系统在巡航状态下有特殊要求的除外。

8）发射机准备好之后，准备给无人机上电之前，要将发射机平放在平整的地面或者其他设备表面，确保放置平稳。禁止将发射机垂直放置，否则会因风吹或者其他原因等导致发射机倾覆而引起误操作（例如，触碰操纵杆引发螺旋桨、旋翼等旋转工作，造成人员伤亡），如图 1-2-43 所示。

图 1-2-41　禁止手握天线

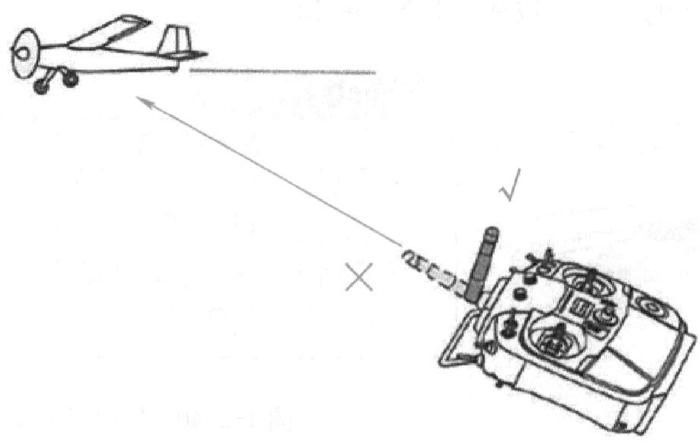

图 1-2-42　避免天线指向无人机

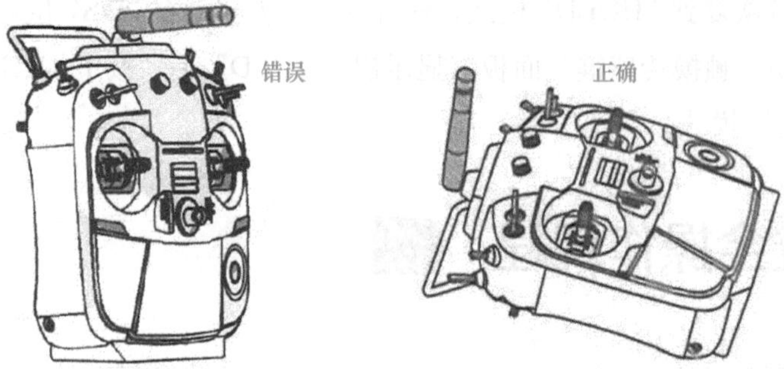

图 1-2-43　发射机的放置要求

9）当发射机由挂带悬挂于脖颈等身体部位时，禁止进行其他操作，尤其是请勿进行发动机的启动，挂带很容易被旋转的螺旋桨卷入其中，造成伤害；或者进行其他操作时由于发射机摆动而误碰操纵杆，引起误操作。

10）疲惫、生病、饮酒等身体状况不佳时请勿进行飞行。否则容易因注意力不集中，无法正常判断而导致操作失误造成事故。

11）起飞前，务必将发射机的设定页面返回主页面并锁定，避免飞行中造成参数的误输入，导致更大危险。

12）飞行前检查发射机剩余电量，务必保证能完成本次飞行任务的执行。

13）飞行前务必要做发射机的距离测试，确保发射机有足够的控制距离。

14）打开电源时务必先开发射机电源，确保油门杆处于最低位，再开接收机电源；关闭电源时务必确保发动机或电机已经停止，然后先关闭接收机电源，最后关闭发射机电源。

15）进行发射机参数调整时，若非必要情况，务必确保发动机或电机处于断电状态或者是螺旋桨未安装状态。

2. 电池以及充电器注意事项

1）对破损、老化、肿胀、漏液等电池禁止充电。

2）禁止将电池放在直射的阳光下、高温天气的车内等高温场所进行充电。

3）禁止在有覆盖物或者其他无法散热的情况下进行充电。

4）务必使用设备规定的充电器进行充电。

5）电池禁止使用于本发射机以外的其他设备。

6）发射机长期不用，务必取出电池妥善保管。

7）勿将遥控器、电池、充电器等放置在儿童可接触的地方。

8）禁止摔打、敲击以及用其他尖锐的物体损坏电池。

习题

1）简述遥控器系统的发射机和接收机的作用。

2）简要叙述触摸传感键的具体操作。

3）简述遥控器教练功能的设置。

4）简要说明遥控器系统的发射机和接收机的开关电源的注意事项。

5）简述对频操作及其注意事项。

6）简述遥控器距离测试的重要性及其方法。

7）通过实操演示的方法说明遥控器使用注意事项及其原因。

8）详述“日本手”“美国手”和“中国手”的区别及其操作。

9）举例说明遥控器的设置，例如，“添加模型”“油门锁定”“舵机反向”等。

10）详述遥控器使用的安全规程。

第3章

遥控接收机基础

3.1 遥控接收机的认识

遥控器的发射机是用来将操控指令转换为带有控制信息的无线电信号并向空中辐射，而接收机的作用就是用来接收发射机发出的信号，并传输给飞控子系统，接收机属于遥控系统的机载信号接收终端。

本节以 Futaba R7008SB 接收机为例进行简单介绍，如图 1-3-1 所示。

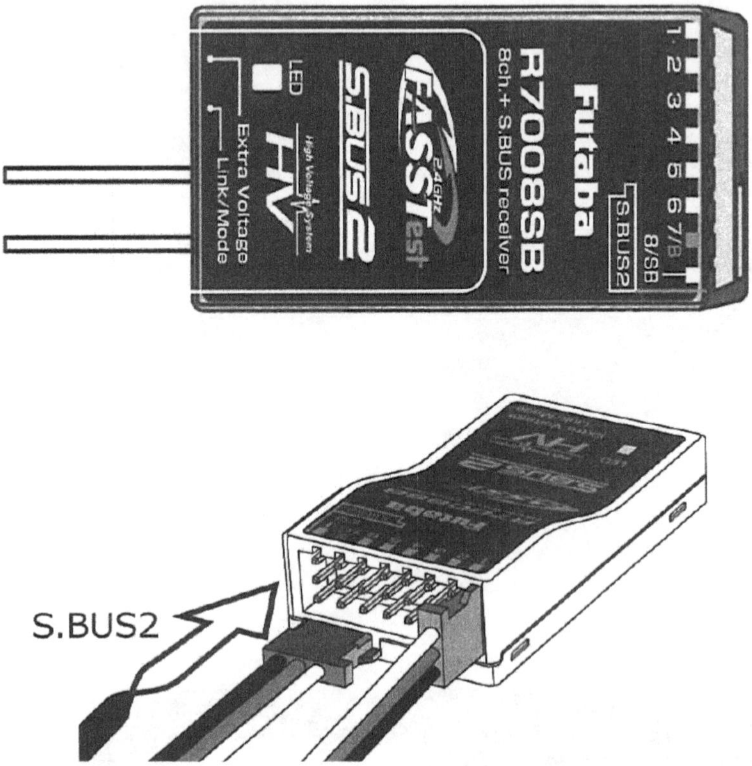

图 1-3-1　Futaba R7008SB 接收机

（1）插槽接口部分

1 ～ 6 插槽：输出 1 ～ 6 通道的控制信号。

7/B 插槽：输出 7 通道和电源。

8/SB 插槽：输出 8 通道或者是 S.BUS 输出端口。

S.BUS2 插槽：S.BUS2 远程遥测传感器等。

当需要使用 9 个或者更多通道时，使用 S.BUS 功能或者是使用双接收机功能，在机体上再多装载一个 R7008SB 接收机。

（2）插槽的插入

当接收机与数据线连接时，采用如图 1-3-1 所示的方向牢牢插入插槽。只有 S.BUS2 插口要旋转 90° 进行插入。

（3）Link/Mode 开关

接收机的 Link/Mode 开关，如图 1-3-2 所示，此开关是用来变更通道模式的。注意要使用接收机附带的塑料螺钉旋具轻按图中所示位置，不要使用其他工具。

尤其注意，此开关并不是用于发射机和接收机对频操作的，部分使用过其他品牌的接收机的人，会有此习惯，Futaba 遥控器的对频方法前面已有详细介绍。

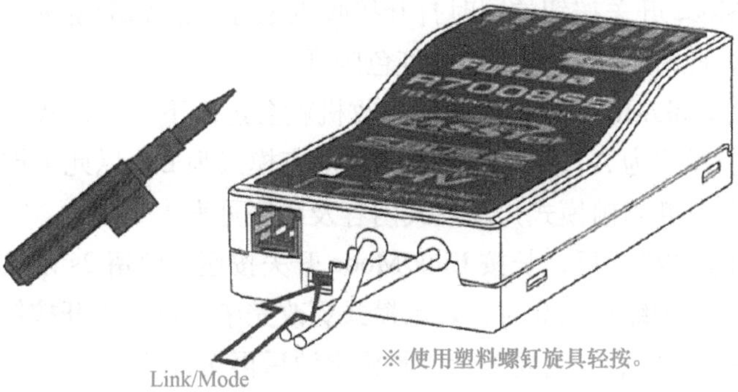

图 1-3-2　Link/Mode 开关

（4）额外电压插槽

在需要将飞机的动力电池等电压通过接收机发送到发射机时，使用此插槽，如图 1-3-3 所示，这个功能主要是航模飞行时使用，现在无人机的飞控系统基本具备回传参数的功能。使用此插槽时请使用外部电压输入电缆连接于此插槽。不可插入其他插头，也不能让电池正负极接反或两极短路，否则会有起火、毁坏设备等危险。

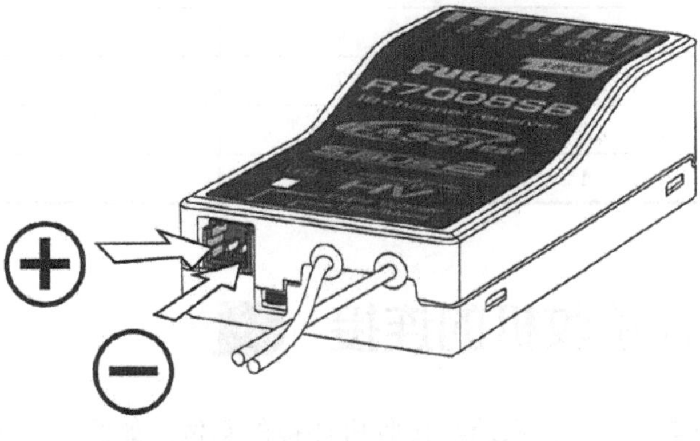

图 1-3-3　额外电压插槽

3.2 遥控接收机的设置

如前所述，R7008SB 接收机只有 8 个通道，如果需要使用的通道超过 8 个，可以对 R7008SB 接收机通道输出模式进行设置，R7008SB 接收机的 8 通道输出可以更改为 S.BUS 输出。

如果不需使用 S.BUS 系统，只使用普通模式的通道模式，则无须更改任何设置，直接使用出厂设定的模式即可。但是只能用到 8 个通道。如果需要使用更多的通道，则需要再加一只 R7008SB 接收机，并设定为模式 C（9 ～ 14 通道），配合进行使用。

接收机通道模式的更改方法：

1）按下 Link/Mode 开关按钮的同时打开接收机电源。当 LED 指示灯显示为红绿同时闪烁时，松开按钮，此时，LED 指示灯为红色闪烁。

2）每按下一次 Link/Mode 开关按钮，接收机就会进入下一个模式（LED 指示灯闪烁频率为 1 次 /s，对应模式为 A，频率为 2 次 /s，对应模式为 B，以此类推，通过红色 LED 灯的闪烁频率的次数判断当前模式）。模式内容及顺序见表 1-3-1。

3）切换到所需要的模式后，长按 Link/Mode 开关按钮（停留 2s 以上）。LED 指示灯显示由红绿同时闪烁变为绿色长亮时，表示模式更改完毕。可以松开按钮。

4）通道模式更改完成后，需要关闭接收机电源后再次打开。

表 1-3-1 R7008SB 接收机通道设置模式一览

输出插槽	设定通道			
	模式 A 1 ～ 8 通道	模式 B 1 ～ 7 通道	模式 C 9 ～ 14 通道	模式 D 9 ～ 14 通道
1	1	1	9	9
2	2	2	10	10
3	3	3	11	11
4	4	4	12	12
5	5	5	13	13
6	6	6	14	14
7/B	7	7	—	—
8/SB	8	S.BUS	—	S.BUS
LED 闪烁次数 /s	1	2	3	4

3.3 遥控接收机的连接

这里列举几种常见的飞控系统与接收机连接的案例。如图 1-3-4 所示是大疆 NAZA 飞控的连接示意图，如图 1-3-5 所示是 Pix 飞控的连接示意图。

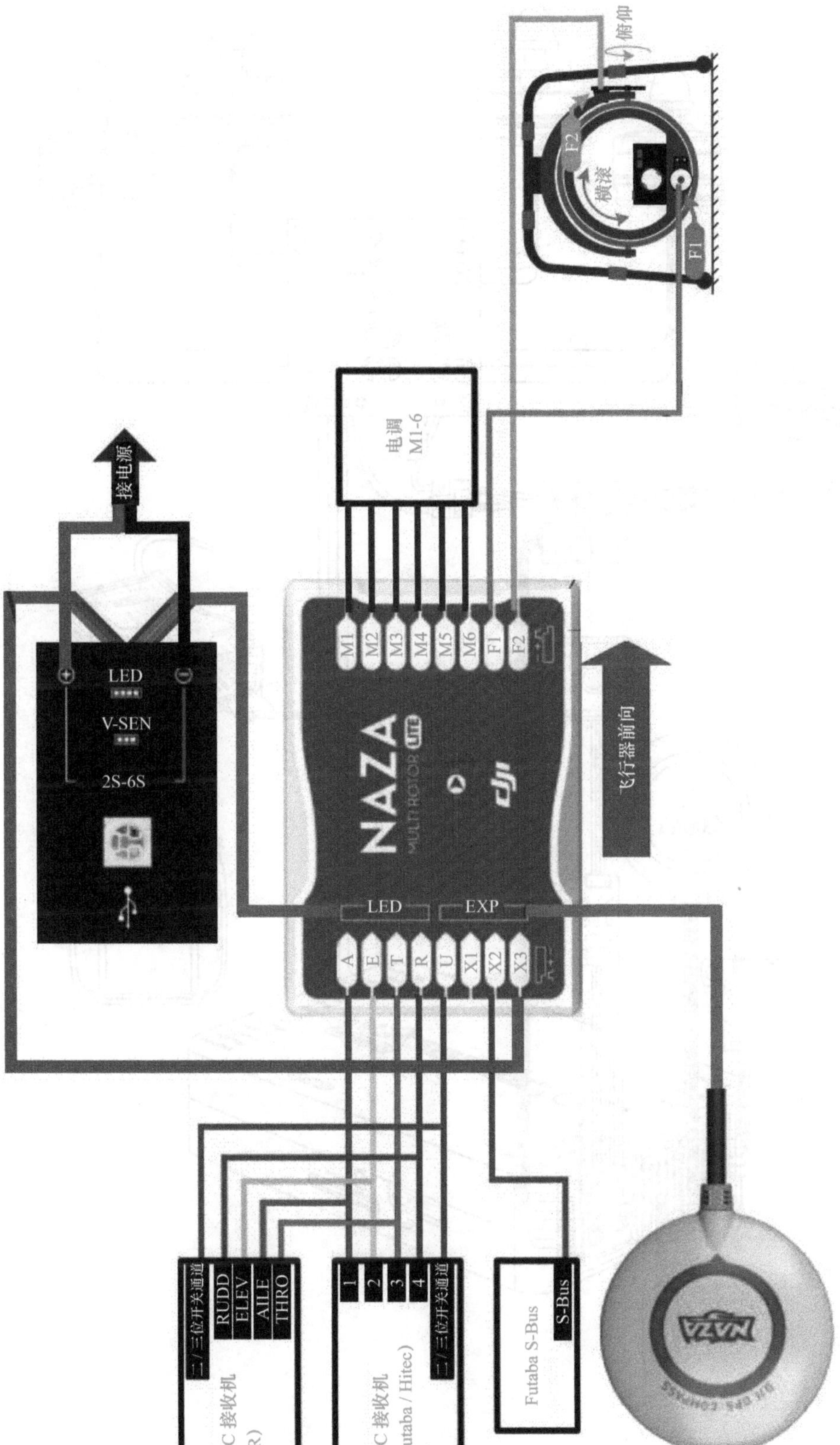

图 1-3-4 大疆 NAZA 飞控的连接示意图

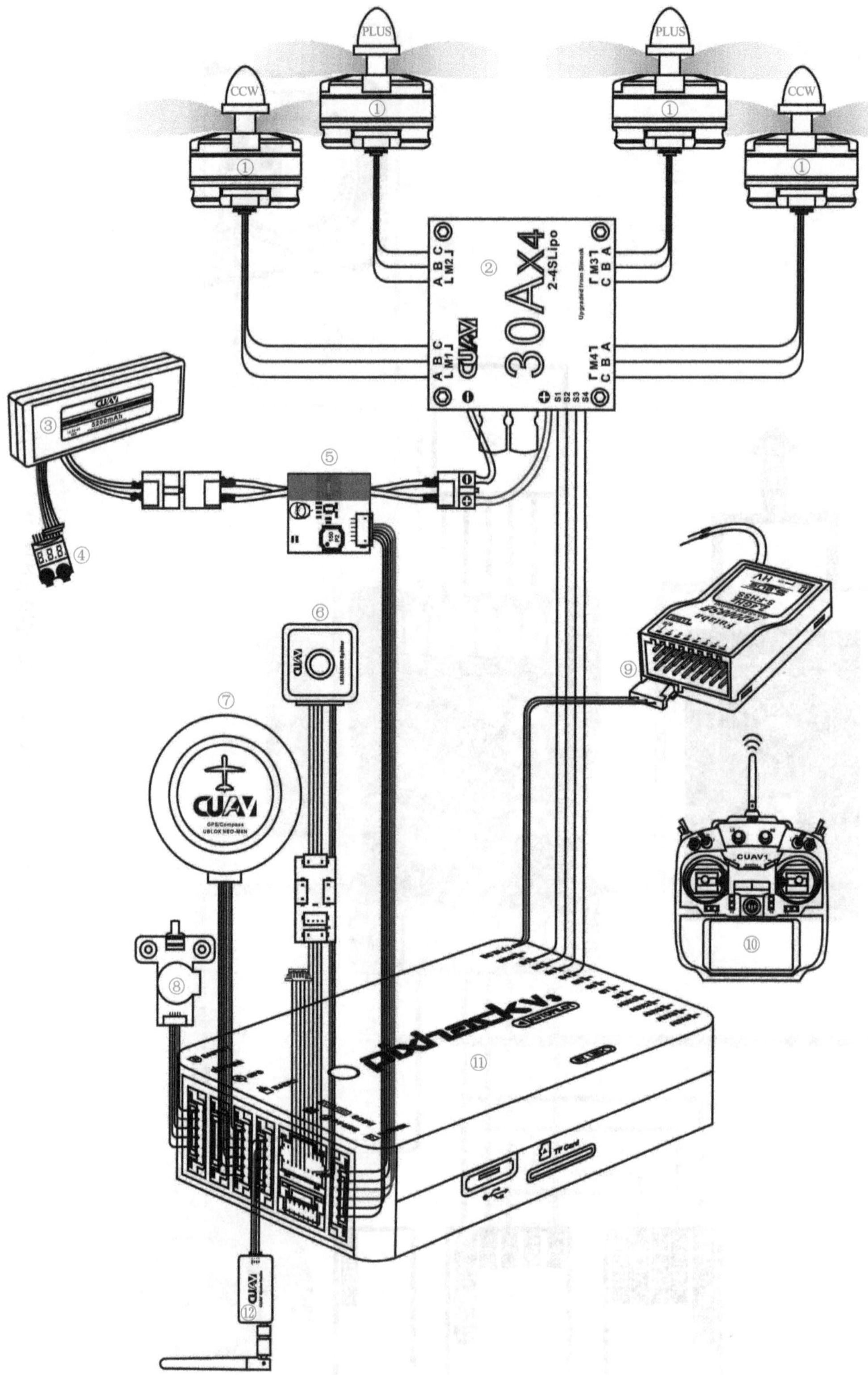

图 1-3-5　Pix 飞控的连接示意图

3.4 遥控接收机的安装方法

为了使信号接收最大化，保证遥控信号安全可靠，目前很多遥控器系统都采用了分集式天线系统。这使接收机能够在两个不同位置都能获得射频信号。接收机会自动切换选择两根天线中接收状态良好的一方，以确保无人机飞行时遥控信号处于稳定接收状态。为了使接收机的性能最大限度发挥，务必按照以下顺序进行安装，并遵守注意事项。

1）接收机安装到飞机上时，为了保护其不受到机体振动的影响，需要采取海绵包裹等防振措施。

2）两根天线（不包括同轴电缆部分）都要尽可能保持笔直，否则可能会影响接收效果。

3）同时，两根天线尽量打开成 90° 角，安装时让两根天线尽可能相互远离，如图 1-3-6 所示。

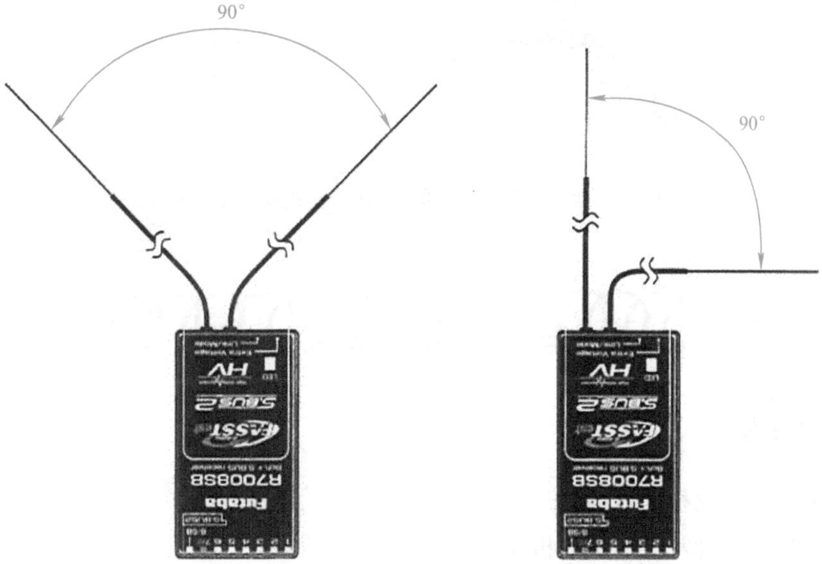

图 1-3-6　接收机天线的安装示例

4）如果接收机天线周围有金属等导体，会影响到接收机的性能，此时应将天线绕过导体，配置于机身的两侧。这样，不管飞行姿势怎样，都可以保持良好的信号接收。

5）天线安装时对于金属、碳纤等导体材料应保持至少 1cm 以上的距离。天线的同轴部分不需要遵守这些要求，但要避免以小半径弯曲它。

6）如果无人机机身被碳纤、金属等导电性材质覆膜，天线部分必须要伸出机身以外，同时天线伸出后也不要和导电性机身贴得过近。

7）接收机天线要远离燃料箱，以保证燃料箱的安全。

8）不要拉扯接收机的天线，容易造成接收机内部的天线断裂。

9）不要把天线和舵机连接线绑在一起，容易造成干扰。

10）接收机应尽量远离电机、电子调速器等容易引起干扰的元件、配件。

11）大多接收机并未进行防水防湿设计。一旦湿气进入接收机内部，可能会导致短暂的动作停止或错误动作。因此为了防止湿气进入，可以将接收机机体放入塑料袋中再进行安装。这样同时防止了无人机的燃料和排气对接收机的伤害。

12）接收机与舵机、电子调速器等设备连接时，务必将插头完全插入插槽，如图 1-3-7 所示，防止飞行中的振动等原因造成接头脱落而坠机。

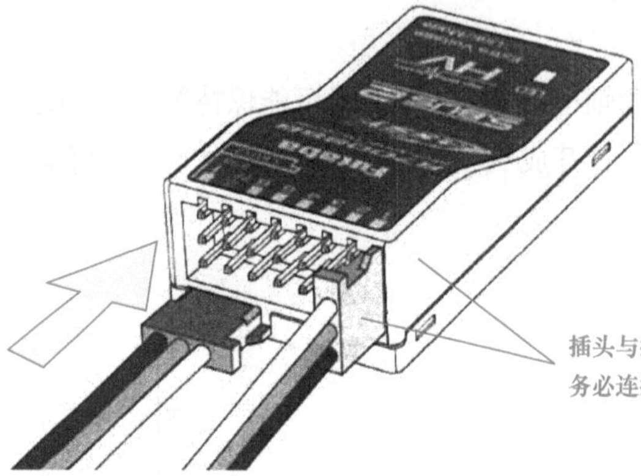

图 1-3-7　所有连接线的插头与接收机连接要保证可靠

习题

1）简述接收机的作用。

2）列举几种常见的接收机品牌。

3）举例说明接收机的设置方法。

4）举例说明接收机的连接方法。

5）详述接收机安装的注意事项。

6）列举几种你觉得可靠的接收机防振措施。

7）接收机天线为什么要尽量打开成 90° 布置，分组讨论。

8）列举几种接收机防水防潮措施。

第4章 模拟器应用基础

4.1 模拟器概述

对于没有飞行经验的人来说，动力飞行是相当危险的尝试，轻者损失设备，重者会造成人员伤亡，所以很久以前人们就开始不断研究用各种方法让新飞行员在非真实的情况下学习飞行，因此飞行模拟器的发展史和飞机发展史几乎一样长。在计算机技术还未发展的时代，飞机的模拟飞行设备就开始研制并投入使用，尤其是第一次世界大战结束以后，人们看到了飞行领域的远大前途，而且随着战争的结束，大量军用飞机被当作剩余物资低价抛售，引发了民间的航空热潮，吸引许多人去学习飞行，然而当年可传授飞行的方式还是以一带一的言传身教为主，飞机的质量和教员的水平参差不齐，飞行中的事故率和伤亡率仍居高不下，所以引起了人们对模拟飞行技术的思考。如图 1-4-1 所示，是当年用模拟器训练飞行员的场景，虽说简单，而且也没有进入实用状态，但是它开创了模拟飞行这个重要的技术领域，对于模拟器的发展有着重要的意义。

图 1-4-1　最早使用木桶、铁环和木架制成的飞行模拟器

美国人爱德华·林克是众多模拟飞行技术研发践行者中的佼佼者，1929 年成功研制世界上第一台实用型飞行模拟器，叫“林克机”，如图 1-4-2 所示。在申请专利时，他称之为“一种有效的航空训练辅助设备，也是一种新奇有益的娱乐装置”，1930 年林克开办了自己的生产企业和飞行学校，利用模拟机以低廉的费用招收飞行爱好者，不过没有受到专业人士的重视，效益一直不好。

图 1-4-2　林克和他的飞行模拟器

直到 1934 年，美国陆军飞行军团接管了国内的航空邮政运送业务，但在不良天气和夜间环境下的飞行中接连发生严重事故，人员和财产的损失招致公众的批评。为了改善飞行安全性，美国军方注意到了林克的产品，特意组团考察了林克的发明。据记载，当时美国军方以单价 3500 美元的价格订购了 6 台“林克机”，用于提高飞行员的仪表飞行技能，如图 1-4-3 所示，“林克机”从此名声大振，模拟飞行器也从此得到了长足的发展。

图 1-4-3　美国军方订购的“林克机”

到目前为止，飞行模拟器的发展大概经历了以下几个阶段：

第一阶段，是机电模拟阶段，这一阶段是模拟器的初级阶段，这一阶段是从 20 世纪 20 年代末开始的。由于模拟水平较低，通常称为飞行练习器，它主要向学员演示操纵机构对模拟飞机姿态的影响，以训练飞行员的协调驾驶能力。“林克机”主要发展于第二次世界大战开始后，由原来林克设计的简单的机械练习器逐步发展而来，研制成为具有较复杂的机械电气装置并能进行粗略计算的飞行模拟器。其应用范围也扩大了，不仅用于训练空军飞行员，而且在商业和民航飞行训练中也得到了进一步的使用，训练出不少飞行员。

第二阶段，是电子模拟阶段，即飞行模拟器的中级阶段。这一阶段是从 20 世纪 40 年代开始的。1941 年，英国的电信研究所设计了一种能解算飞机运动方程的电子模拟器。1949 年，林克公司开发出自己的电子模拟计算机，并向美国空军出售了一千多台这一类练习器。利用电子模拟计算机，可以求解并再现飞机的气动特性、发动机特性以及机械各系统的特性。这类模拟器，模拟设备已相当完备、相当复杂，除了较逼真地模拟座舱各种仪表及有关设备的工作外，还采用幻灯、电影以及闭路电视来模拟座舱外部的视觉景象。另外，有的模拟器座舱还装有运动基座，可以使座舱具有两个自由度（俯仰和横滚）或三个自由度（俯仰、横滚和偏航）。由于不断采用新技术，使模拟器的模拟效果越来越逼真。

第三阶段，是数字模拟阶段，这是飞行模拟器的高级阶段。这一阶段是从 20 世纪 60 年代初期开始的。1963 年美国林克公司生产了第一台数字电子计算机式的波音 727 飞行模拟器。从此以后，随着大、中型数字电子计算机及微型计算机的飞速发展，数字计算机控制的飞行模拟器就像雨后春笋般地出现了。

由于使用了数字计算机以及其他新技术，飞行模拟器的功能大为增强，不仅使各种座舱设备的模拟精度大为提高，而且还出现了大视场角的计算机成像视景系统，六自由度、大活动范围的座舱运动平台，多通道的过载座椅与载荷服，以及逼真的音响模拟设备。飞行模拟器从原来的主要练习基本飞行驾驶技术发展到可以练习复杂的特技飞行、空中射击甚至双机空战，有的飞行模拟器已具有诸如故障诊断、自动评定飞行练习的成绩等强大功能。随着网络技术的发展，现代飞行模拟器已经可以异地联网，从而可以进行多机、多机种协同作战训练，甚至进行大规模的模拟演习。

第四阶段，是动感模拟阶段，这是飞行模拟器的最新阶段。近几年来，随着动感平台的加入，飞行模拟器变得更加真实。加入动感平台，飞行模拟器便能随着操作而动，随着动感平台技术的加强，六自由度的开发完成让飞行模拟器达到了新的高度。主要是模拟飞机六个自由度的运动，前后、左右、上下运动均包含在内；模拟飞机在各种飞行条件下的变化所引起的运动；模拟着陆接地时的姿态和碰撞效果以及使用刹车时出现的运动；能模拟接近真实飞机频率的振动和抖振，以及大气紊流在对应自由度上引起的抖振；全方位提升了模拟效果，如图 1-4-4 所示。

图 1-4-4　现代的客机飞行模拟器

在飞机模拟器深厚的技术积淀背景下，军用无人机模拟器也迅速上岗，发力于军用无人机的技术训练，如图 1-4-5 所示，就是中国航天空气动力技术研究院研制的彩虹无人机的模拟器，它和飞机的模拟器的差别只是没有运动系统，因为无人机的机组人员在无人机飞行操控过程中不离开地面，不需要体感的训练，所以也就不需要训练体感的运动系统。

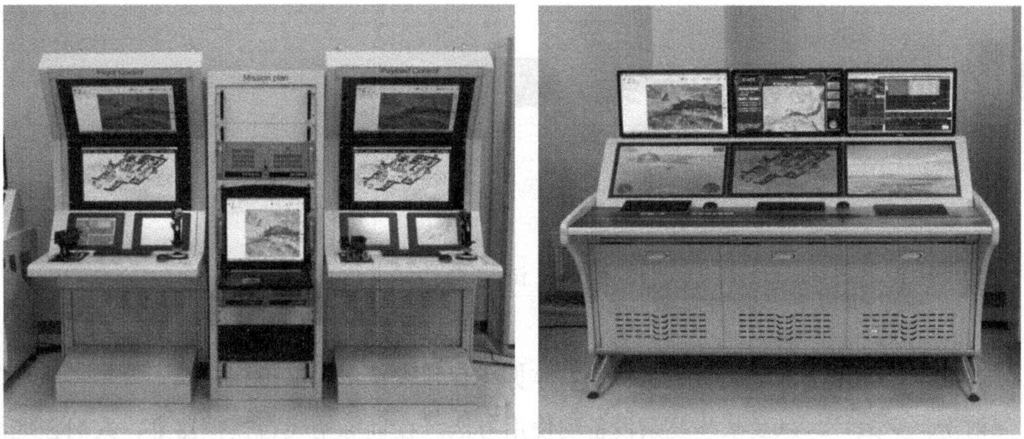

a)　　　　b)

图 1-4-5　彩虹无人机的模拟器

a) 飞行操纵席、任务规划席和载荷控制席　b) 教练控制席

同时，随着航模运动的普及和民用无人机技术的突飞猛进，航模和无人机的飞行模拟器也得到了进一步发展，而且无人机的模拟器相对于飞机的模拟器更为简单。基于无人机的飞行操纵的特点，无人机的模拟器可以不用模拟仓、运动系统和教员控制台等，甚至可以在家用PC上运行，如图 1-4-6 所示，更加适合航模运动和无人机飞行技术的普及。

图 1-4-6　基于 PC 平台的模拟器

无人机模拟器的发展非常快，主要是有了飞机模拟器的强大的技术基础作为前提，它应用了飞机模拟器的一部分技术，而且也与时俱进，伴随着无人机技术的发展，正在研制关于无人机拆装、调试以及无人机外场任务执行的模拟器，如图 1-4-7 所示，就是一种无人机巡线作业的模拟器，将来更加助力无人机技术的应用。

图 1-4-7　无人机巡线作业模拟器

4.2 模拟器的分类

1．从适用领域来分

（1）用于工程研究的模拟器

这类模拟器是用于新型飞行器的研究、试验和已有飞行器的改进。

（2）用于飞行训练的模拟器

这类模拟器用于训练飞行人员，使其掌握飞行驾驶技术和其他相关技术（如领航、轰炸、射击、空战），以及某些复杂设备的使用方法。在训练用飞行模拟器上，人们在地面就可以操纵飞行器，其方法与在实际飞行器上完全一样，并能体验到飞行器在空中飞行时的各种感觉。因此，有了飞行模拟器，不用上天，就可以学会飞行。

2．从适用机种来分

（1）用于飞机的模拟器

这类模拟器具有复杂的控制系统，包括模拟座舱、运动系统、视景系统、计算机系统及教员控制台五大部分。

（2）用于航模和无人机的模拟器

无人机就是无人驾驶的飞行器，因为训练无人机机组人员，不需要进行体感训练，所以无人机的模拟器不需要运动系统，如图 1-4-5 所示，彩虹无人机模拟系统，不需要运动系统，对于航模和微型、轻型民用无人机的模拟系统，甚至可以不需要模拟座舱、教练控制台等，如图 1-4-6 所示。

而对于本书中的用于民用无人机飞行训练的模拟器就是这种可以基于 PC 运行的模拟飞行软件。下面就对这种类型的模拟器进行介绍。

4.3 常用的无人机模拟器

本书介绍的模拟器就是能够基于 PC 平台运行的民用无人机模拟器，成本低、操作简单，更加便于航模运动和无人机技术普及的模拟器。

在过去，航模或者无人机新手想要入门，需要事先阅读大量的教程、请教行家、求人带飞，时间长、入门慢、成本高。现在，随着无人机飞行模拟软件的发展，通过在计算机上进行模拟飞行训练，能够让更多新手在不“炸机”的情况下轻松学会无人机的基本操作，积累飞行经验。

不仅是对于新手，对于已经具备一定基础的无人机玩家来说，模拟飞行软件还能够模拟各种复杂的飞行条件，在“零”风险的状态下练习应急反应能力，让自己的飞行技术更上一层楼。下面介绍常见的几款无人机飞行模拟器。

1．Phoenix RC

Phoenix RC 也叫凤凰模拟器，是一款很受欢迎的模拟器软件，效果逼真，场景迷人。Phoenix RC 是一款适合所有人的无人机模拟飞行软件，因为它融合了令人印象深刻的图形和极其真实的飞行体验。

它拥有超过 150 种不同风格的模型，例如，直升机、旋翼机和飞机等。Phoenix RC 还允许创建和设计新模型。同时，它拥有新一代图形引擎，让用户感觉自己处于飞行之中，还包含逼真的照明和烟雾效果。

这款模拟器本书会重点讲解，在此只作简单介绍，界面如图 1-4-8 所示。

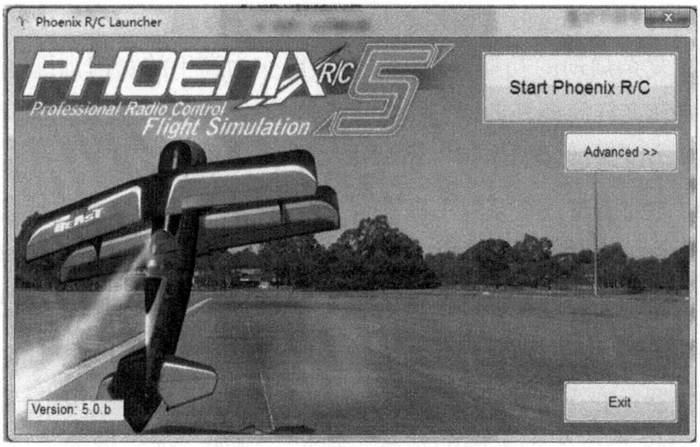

图 1-4-8　Phoenix RC 模拟软件

2．RealFlight

据不完全统计，RealFlight 是目前普及率最高的一款模拟飞行软件，它具有拟真度高、功能齐全、画面逼真等优点，而且长期练习时眼部不容易疲劳。

RealFlight 软件的画面漂亮，即时运算 3D 场景，从机体排烟的浓淡到天空云彩的颜色都可自行定义；对风的特性拟真度较高，有持续风、阵风、随机风向可选择；具备网络联线功能，可与他人联线飞行；具备录影功能，可录制飞行过程，观看飞行录像时还可以显示摇杆的动作；飞行中可在画面上显示机体的各项数据，例如，螺距、主旋翼转速等。并且该软件音效佳，引擎及主旋翼的声音都栩栩如生，可在飞行中播放自选背景音乐，对于想参加 3D 比赛的人很有帮助，在新版本中还增加了 VR 飞行操作，提升了无人机 FPV 飞行的体验感，界面如图 1-4-9 所示。

图 1-4-9 RealFlight 模拟软件

3. FMS

FMS 是英语 Flying Model Simulation 的首字母缩写，原意是“飞行模型模拟器”。FMS 是德国爱好者开发的供广大爱好者使用的免费软件。FMS 虽然没有大型专业级软件的强大功能，但是免去了复杂烦琐的初期设定。虽然不能作为高手的赛前训练软件，但是对于一般飞行，尤其是初学飞行的爱好者则是一款优秀的软件。FMS 对于固定翼模型使用了 30 多个静力学和空气动力学参数，对于直升机使用了近 50 个参数。看上去这些参数的数量略嫌少了一点，不足以详细描述一架模型飞机的全部性能，然而对于一般飞行已经足够了。FMS 虽然没有对模型参数的设定操作，但 FMS 把每架模型的参数写在一个扩展名为 par 的文本文件内，人们可以很轻易地对其进行编辑、修改，使模型性能更适合于自己使用。

FMS 在操纵方式上也很灵活，可以使用键盘、游戏操纵杆、专用的仿真操纵器以及模型用无线电遥控器。在飞行时可以设置气象条件，例如，风、上升气流、乱流团等，使飞行更加逼真。FMS 提供各种不同的视点、视角，例如，远景近景、自动缩放、尾翼方向的追随观察，可以对画面进行手动缩放及从上、下、侧面观察等。FMS 模拟软件界面，如图 1-4-10 所示。

图 1-4-10 FMS 模拟软件

4. Reflex XTR

Reflex XTR 是老牌的德国模拟软件，非常适合模拟练习，附带精选的 26 个飞行场景，一百多架各个厂家的直升机，一百多架各个厂家的固定翼飞机，60 部飞行录像。Reflex XTR 安装好后不仅拥有众多机种，也可以设计一款只属于自己拥有的特殊机种，还可以设定翼展、翼弦、翼型、发动机的大小、螺旋桨的尺寸、涂装等。

Reflex XTR 有其独特的优点，环境仿真程度较高、相关设置简单、安装过程方便等，是模拟飞行软件发展的一个里程碑。在计算机里能够看到来自真正的照片级的风景，模拟到真实的飞行器，能看见飞行器碰撞后的残缺画面、烟雾效果等，就连天气效果也模拟得惟妙惟肖，界面如图 1-4-11 所示。

图 1-4-11 Reflex XTR 模拟软件

5. 大疆飞行模拟器

大疆飞行模拟器（DJI Fight Simulator）是一款面向企业用户的无人机仿真培训软件。软件核心的仿真功能基于 DJI 飞控软件技术，对飞行器模型以及场景进行仿真，带给用户自然真实的飞行控制体验，为企业用户提供从基础知识教学到仿真训练以及作业场景练习的完整培训解决方案。大疆飞行模拟器基于 Windows 10 操作系统，兼容 DJI 多款遥控器，用户也可通过键盘进行操作，软件界面如图 1-4-12 所示。

图 1-4-12 “大疆”飞行模拟器

4.4 无人机模拟器的优势和意义

1. 模拟器训练的优势

1）方便练习：不受场地、天气、空域、设备等因素的影响，可以随时随地练习。

2）内容丰富：模拟器内飞行器和场地有很多种，可以进行不同场地和不同飞行器的模拟训练。

3）节省成本：通过模拟训练可以节省很多外场训练时间，同时也可以减少新手训练中的“炸机”损失。

4）针对性训练：可以模拟风速、风向、能见度等场景，也可以模拟各种特情处理等，还可以进行各种针对性的训练，几乎没有限制。

2. 模拟运动的意义

1）模拟运动是以国家体育总局批准正式开展的航空运动、模型运动、无线电运动、定向运动为模拟仿真对象，通过多种科学技术手段进行模拟而开展的体育运动，具有高度的仿真性。

2）引导未成年人正确使用计算机和网络，避免和克服网瘾，在学习之余，增加生活乐趣。

3）模拟运动的最终目标是回归现实，这是它区别于其他计算机网络游戏的最大特点。它只是把计算机和网络作为一种练习飞行操纵技术的工具，而不是游戏。这种使用方法可以获得在真实运动中技术水平同步提高的实际效果。

4）模拟运动科技含量高、知识性强，涉及体育运动、机械、物理、制作、计算机、英语等多方面的知识和技能，有利于全面培养、锻炼和提高参与者的身心素质。

习题

1）简述模拟器的发展史。

2）简要说明模拟器在飞行训练中的作用。

3）列举几种无人机飞行模拟器，说出你最喜欢使用的一种并说明原因。

4）简述模拟器的优势和意义。

5）你认为未来的无人机模拟器是什么样的？

6）根据无人机的应用领域，展望无人机模拟器的未来功能。

第 2 篇　实践篇

项目 1　模拟器的安装与设置

任务1 安装模拟器

任务简介

正如理论篇里所述，本书的特点是“虚实结合”，训练从模拟开始，所以本任务从模拟器的安装开始，这是每一个操作者开始进行模拟飞行训练的必备条件，选择操作者喜欢的模拟器进行安装，为后面的训练做好准备。

本任务的内容是模拟器软件的安装，以 Phoenix RC 模拟器和 RealFlight 为具体操作案例，系统介绍软件的安装步骤。

任务目标

1）能根据实际需要在互联网上找到合适的软件。

2）了解软件的基本功能。

3）掌握模拟器软件的正确安装方法。

4）掌握软件的卸载方法。

学习和训练内容

1）Phoenix RC 模拟器的安装。

2）RealFlight 模拟器的安装。

前面已经介绍了，现在的模拟器种类较多，这里介绍比较常用的两款模拟器的安装，建议都安装上以备练习使用，以编者多年的教学经验，参与训练的学生们大多认为 Phoenix RC 模拟器更适合入门，因为它具备单通道训练、双通道训练等不完全通道训练模式，方便刚入门的新手去逐渐训练各个通道，循序渐进，最后进行全通道训练。

而 RealFlight 模拟器的手感更真实，更适合有一定基础的人训练。当然，仁者见仁，智者见智，市面上的这些模拟器都有其优势所在，本书只是以这两种软件为例进行介绍，至于使用什么软件，读者可以根据自己的喜好进行选择，殊途同归，不影响训练的初衷。

1. 安装Phoenix RC模拟器

1）把软件安装光盘放入光驱中并双击运行或打开光盘目录，运行“autorun.exe”，会自动弹出安装界面，如图 2-1-1 所示，现在计算机多数没有光驱，直接将软件存入其他存储设备，运行安装也是一样的。

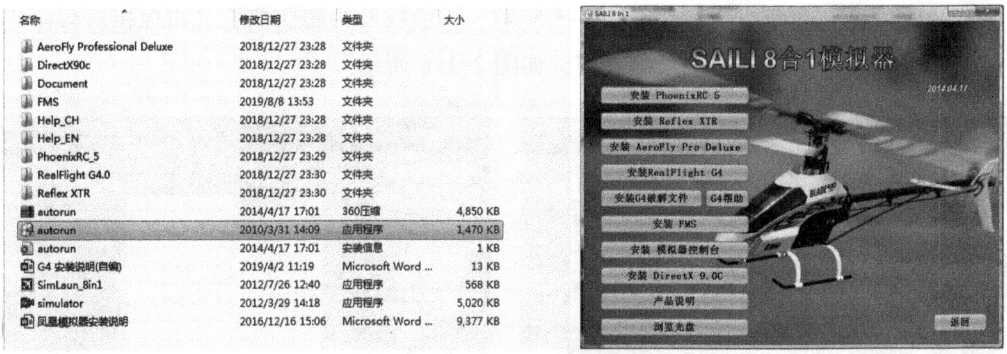

图 2-1-1　运行进入安装界面

2）选择“安装 Phoenix RC”选项，进入“选择安装语言”界面，如图 2-1-2 所示。

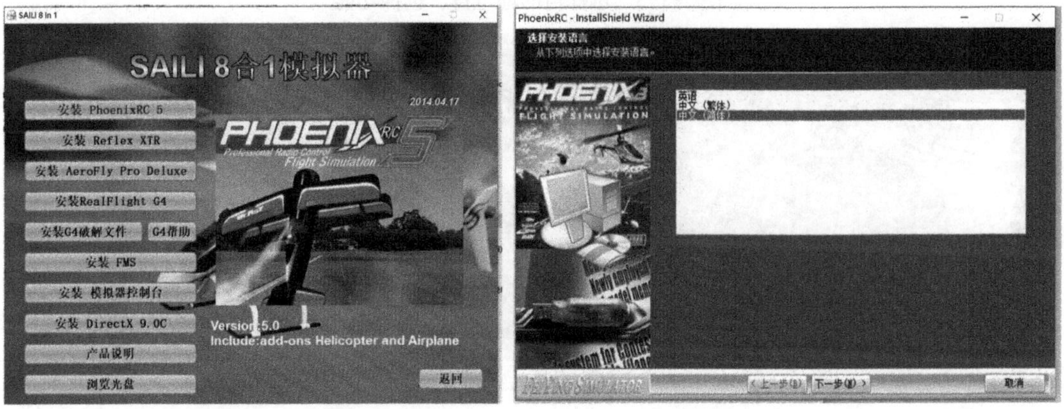

图 2-1-2　选择“安装 Phoenix RC”进入“选择安装语言”界面

3）选择好安装语言，单击“下一步”按钮开始运行，稍等一会儿，进入“许可证协议”界面，选择“我接受许可证协议中的条款”的单选按钮，如图 2-1-3 所示。

4）单击“下一步”按钮，进入“客户信息”界面，如图 2-1-4 所示。

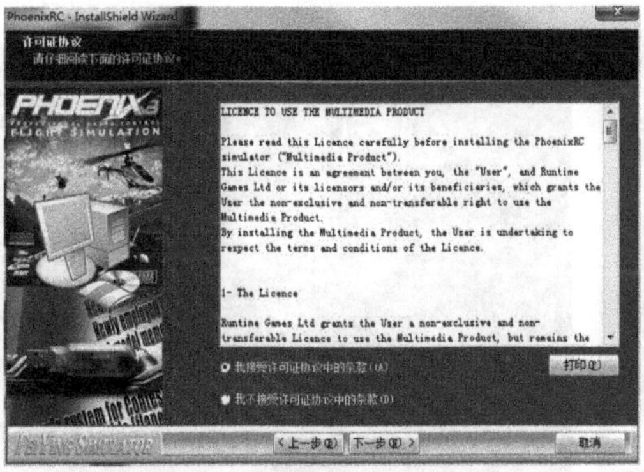

图 2-1-3　许可证协议界面

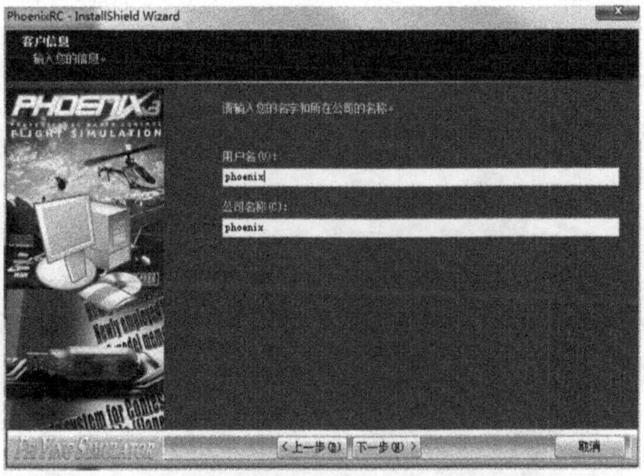

图 2-1-4　客户信息界面

5）继续单击“下一步”按钮，进入“选择目的地位置”界面和“选择功能”界面，选择目的地位置、选择功能，如图 2-1-5 所示。完成这些步骤之后，就可以进行程序安装了。单击“安装”按钮，程序开始安装，如图 2-1-6 所示。

图 2-1-5　选择目的地位置、选择功能

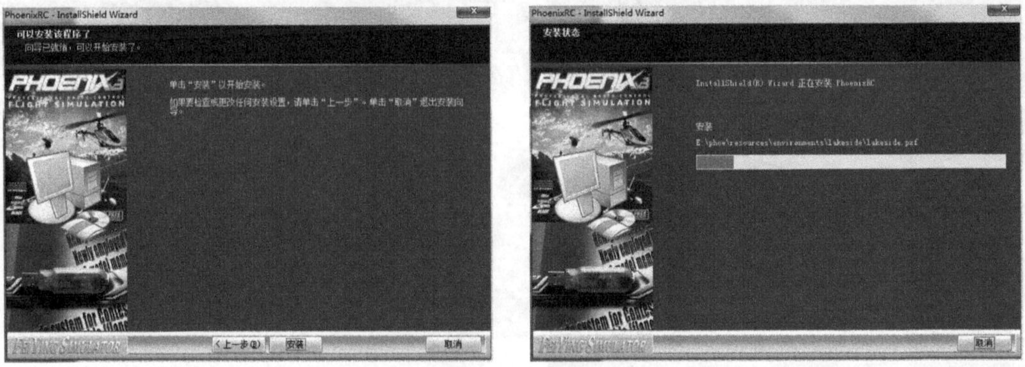

图 2-1-6　程序进入安装

6）稍等一会儿，程序安装完成，单击“完成”按钮，模拟器安装完毕，桌面上会出现快捷方式“phoenix RC”，双击桌面上的“phoenix RC”图标，进入软件。另外一个图标不必运行。

单击“Star Phoenix R/C”按钮，如图 2-1-7a 所示，注意语言选择，单击“语言选择”按钮进入软件，如图 2-1-7b 所示，等待设置使用。

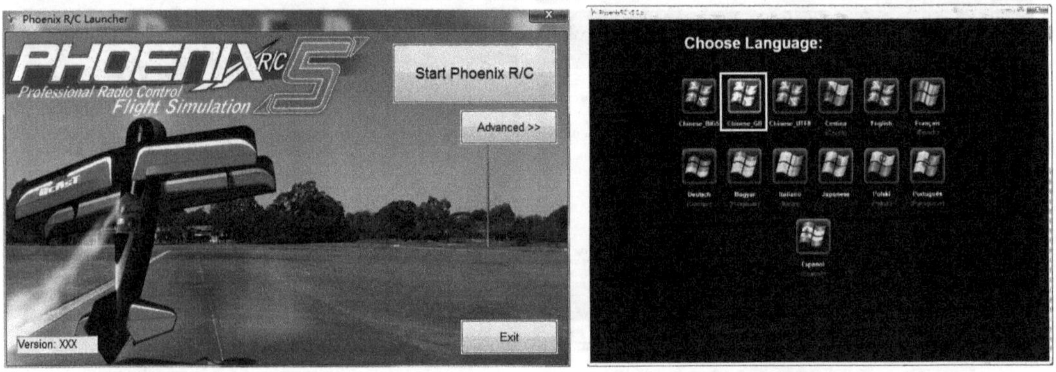

a)　　　　　　　　　　　　　　　　b)

图 2-1-7 “phoenix RC”软件运行和语言选择

a) 软件开始运行　b) 语言选择

说明：

1）第一次插入 Phoenix RC 模拟器加密狗时，系统都会提示找到 USB 人体学输入设备，并自动为其安装驱动程序，稍后会提示，新硬件已经安装成功可以使用了，在第一次安装成功后，可能需要拔出 Phoenix RC 模拟器加密狗并再次插入方可使用。

2）如果计算机无法识别此模拟器并提示“发现未知硬件”时，请先将“设备管理器”中的未知 USB 设备全部卸载，然后把模拟器加密狗拔出后重新插入 USB 口，操作系统将会重新为此模拟器加密狗安装并正确配置驱动程序。

3）Phoenix RC 模拟器加密狗上的蓝色指示灯指示 USB 口工作状态以及遥控器的连接状态。如果蓝灯快速闪亮表示模拟器正在初始化；如果蓝灯常亮表示计算机的 Windows 系统已经识别到 Phoenix RC 模拟器加密狗；如果蓝灯慢速闪亮，表示遥控器可以正常使用。当然，各个厂家生产的加密狗可能有所区别，请参考使用。

4）有的加密狗不能直接连接运行，这种加密狗是可以适用于多种软件的，遇到这种情况，需要安装控制台，如图 2-1-8 所示，然后运行“模拟器控制台”，如图 2-1-9 所示；并在系统屏幕右下角托盘区建立图标，如图 2-1-10 所示，加密狗没有连接时，图标为红色，加密狗连接正常时，图标显示为正常状态（呈蓝色）。在系统托盘区的图标上，单击鼠标右键显示快捷菜单，选择不同的模拟器接口，就可实现模拟器接口类型的切换，在选项前面的复选框内勾选模拟器的类型，如图 2-1-11 所示。切换模拟器接口后，模拟器的 LED 灯会快速闪烁，表示加密狗正在切换过程中，切换完成后，LED 恢复正常。

5）如果运行模拟器软件时，出现如图 2-1-12 所示的提示，这是由于操作系统 DirectX 组件缺失造成的。安装“DirectX9”程序进行修复，如图 2-1-13 所示，即可解决问题，让程序正常运行。

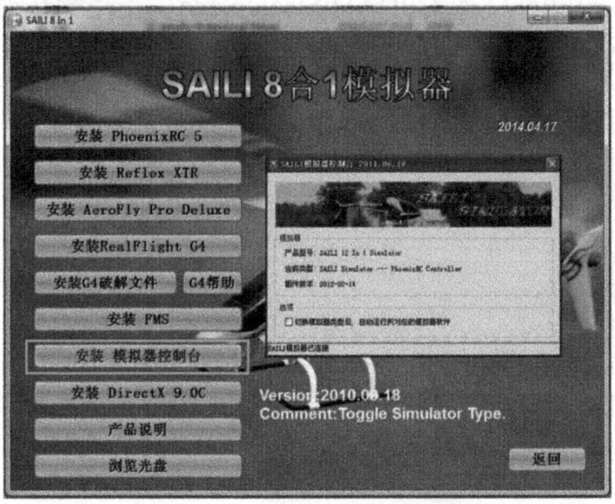

图 2-1-8 安装控制台软件

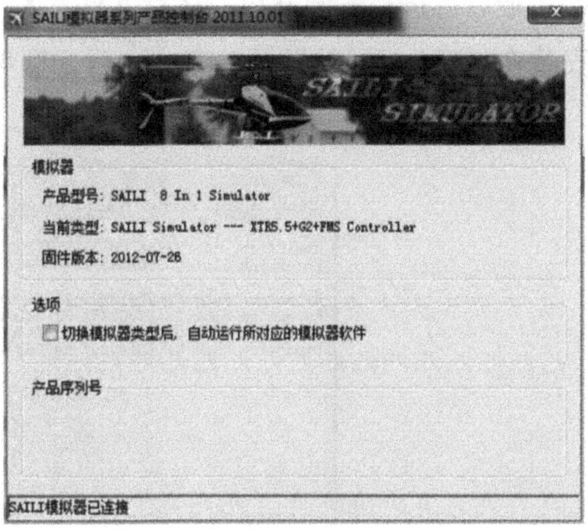

图 2-1-9 运行控制台软件

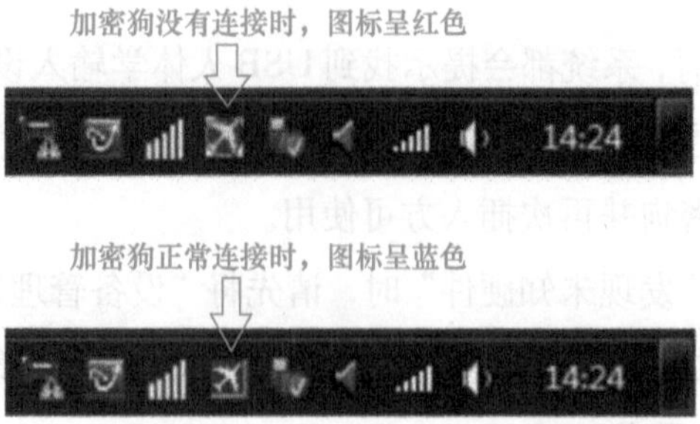

图 2-1-10　加密狗连接状态

图 2-1-11　勾选模拟器的类型

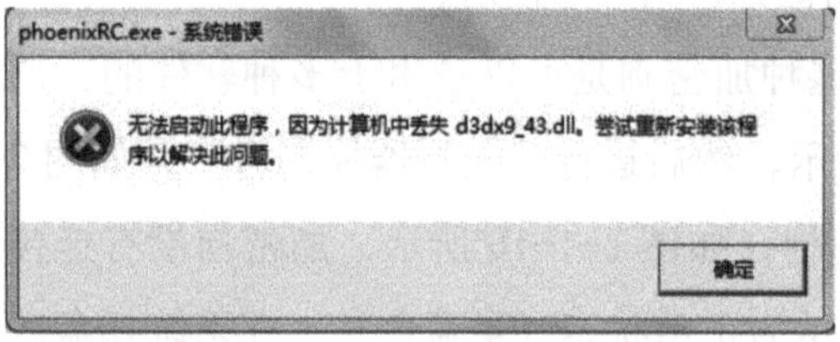

图 2-1-12　出现异常提示

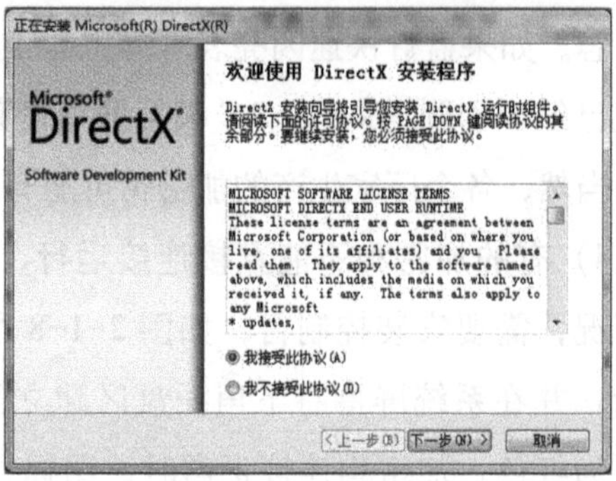

图 2-1-13　安装“DirectX9”程序

2. 安装RealFlight模拟器

RealFlight 模拟器的安装和 Phoenix RC 模拟器的安装基本类似，不同点在于软件序列号的有效输入，安装完毕后，首先在源文件的文件夹内有一个文件名为“SN.txt”的文本文档，打开待用，如图 2-1-14 所示。

然后双击桌面上程序的快捷方式，会依次出现如图 2-1-15 所示的对话框，根据提示正确输入序列号。

最后，进行安装升级，运行文件“X:\ RealFlight G4\ UPDATES\setup,exe”，注意必须安装在与 G4 相同的目录。完成之后，即可正常运行软件。

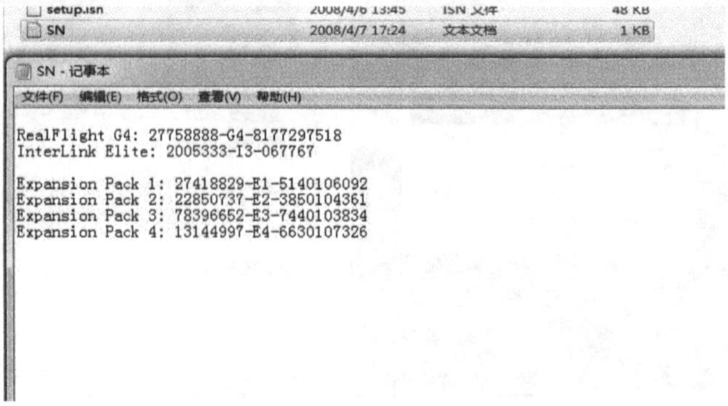

图 2-1-14　序列号文档

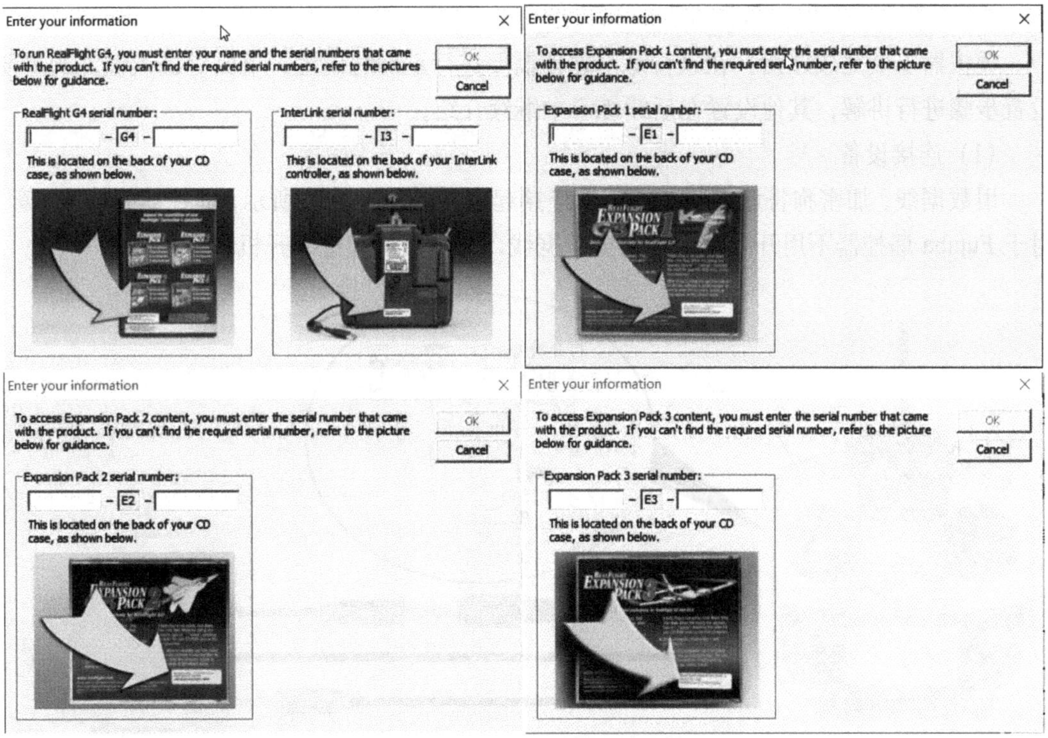

图 2-1-15 输入序列号的对话框

任务 2 设置模拟器

任务简介

通过对模拟器的系统认识，本任务以具体的模拟器为例，在任务 1 中安装模拟器软件之后，学习模拟器的设置，为后续的飞行训练奠定基础。

本任务的内容是系统学习模拟器软件的参数设置方法，本任务以 Phoenix RC 模拟器和 RealFlight 模拟器为例进行参数配置的系统介绍，这是每个需要训练无人机飞行技术的人都需要掌握的技能，不仅是初学者需要进行模拟训练，就是非常专业的玩家和行业飞手，都需要经常进行模拟训练，以保证自身的飞行技术不退步。

任务目标

1）了解模拟器软件的参数含义。

2）掌握模拟器的参数配置方法。

学习和训练内容

1）Phoenix RC 模拟器的设置。

2）RealFlight 模拟器的设置。

1. 设置Phoenix RC模拟器

模拟器安装完成之后，在进行练习之前需要进行正确的设置，下面对进入训练的重要设置步骤进行讲解，其他设置在后续练习中继续介绍。

（1）连接设备

用数据线、加密狗将遥控器和计算机连接起来，如图 2-1-16 所示，遥控器开机（注意，对于 Futaba 遥控器不用开启电源，插上数据线，遥控器自动进入开机状态）。

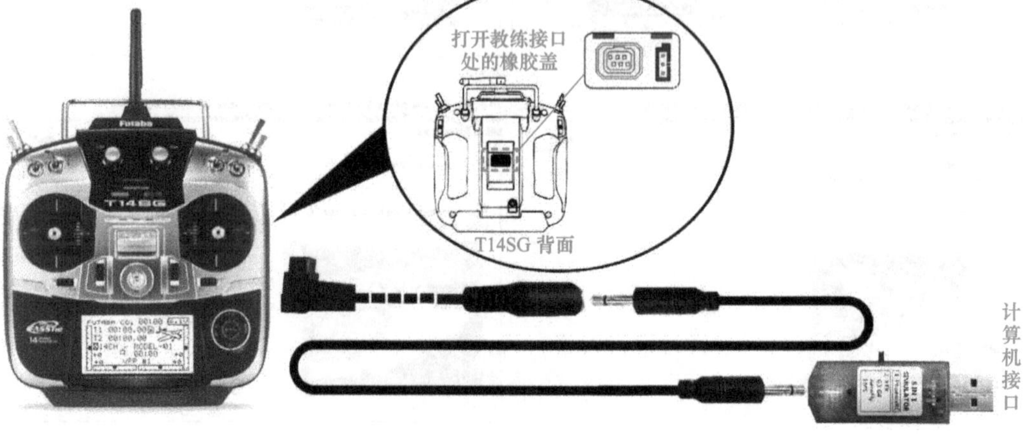

图 2-1-16 设备连接

（2）开启软件

双击软件“PhoenixRC”进入运行状态，单击“Start Phoenix R/C”按钮进入，等待设置，如图 2-1-17 所示（首次运行需要进行语言选择，如图 2-1-7 所示）。

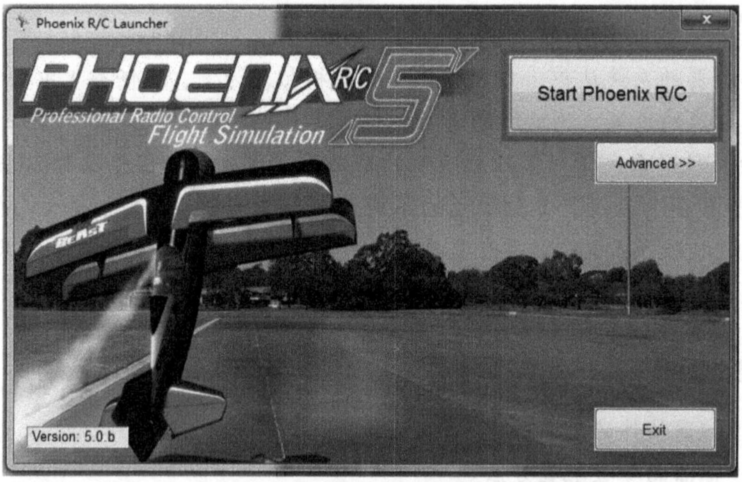

图 2-1-17 运行软件

（3）配置新遥控器

配置新遥控器可以直接单击如图 2-1-18 所示界面上的遥控器图标，也可以通过菜单栏执行“系统设置”→“配置新遥控器”命令，如图 2-1-19 所示。

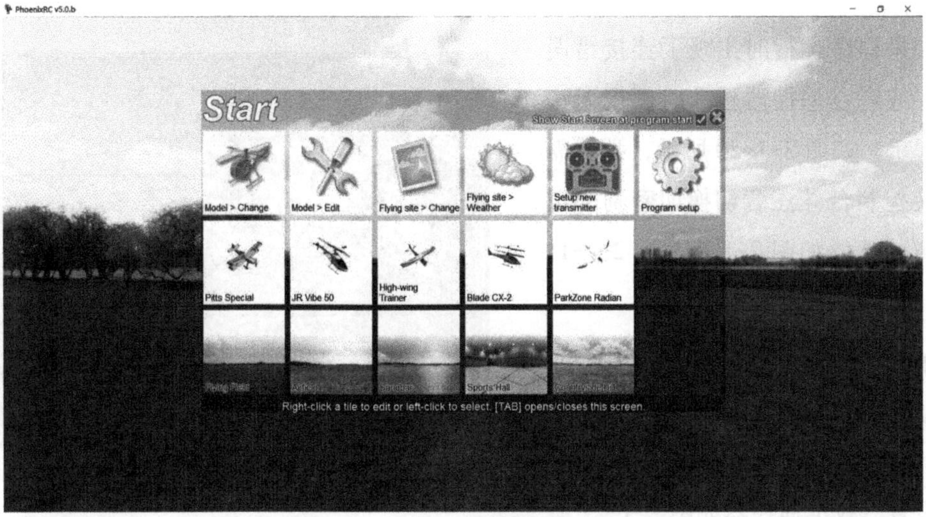

图 2-1-18　等待设置

图 2-1-19　配置新遥控器

如果程序运行时出现了连接错误提示，或者在遥控器校准时出现无法校准提示，如图 2-1-20 所示，那就需要安装控制台并注意切换加密狗的正确通道，具体如图 2-1-8 ～图 2-1-11 所示。

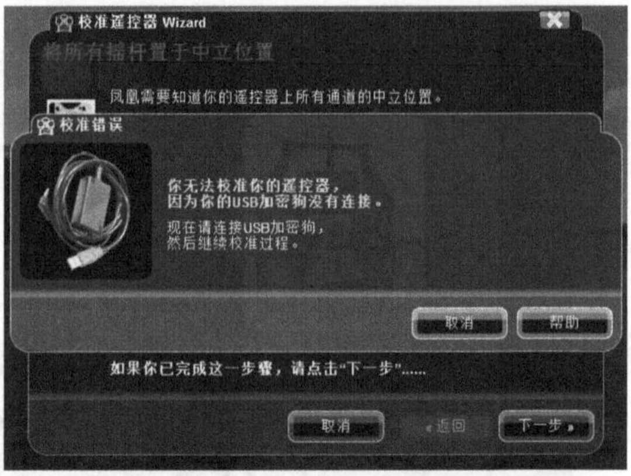

图 2-1-20　无法校准提示

单击“下一步”按钮，按照界面中“蓝色字体的提示”进行操作，主要分为两大步骤，校准遥控器和控制通道设置，校准遥控器如图 2-1-21 所示，控制通道设置如图 2-1-22 所示，直到新遥控器配置完成，步骤简单，不再赘述。

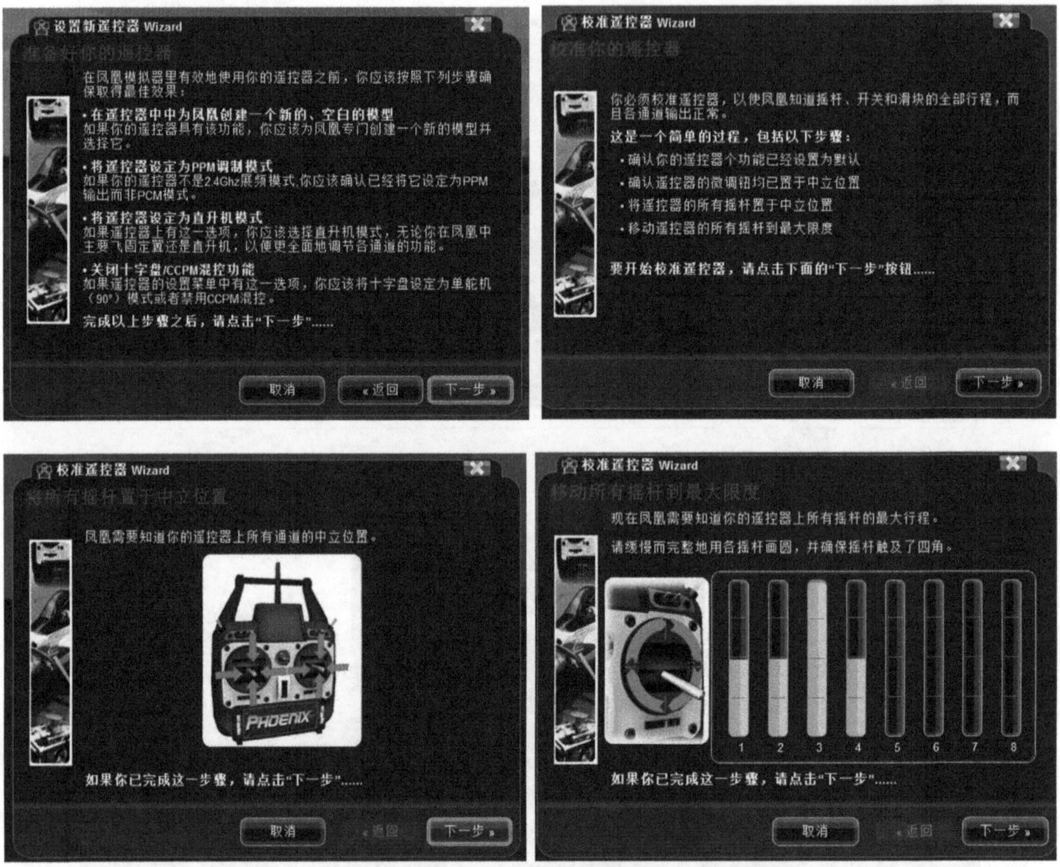

图 2-1-21　校准遥控器

图 2-1-22　控制通道设置 1

（4）设置控制通道

在起飞之前先检查各个通道是否正确，如果不正确，需要进行控制通道设置，通过菜单栏执行“系统设置”→“控制通道设置”→“编辑配置文件”命令，对不正确的通道进行“反向”设置，如图 2-1-23 所示，通过勾选“Invert”目录下对应的通道的复选框进行设置。

（5）选择模型和场地

选择模型。通过菜单栏执行“选择模型”→“更换模型”命令选择训练模型，如图

2-1-24 所示；执行“选择场地”→“更换场地”命令，选择训练场地，如图 2-1-25 所示。

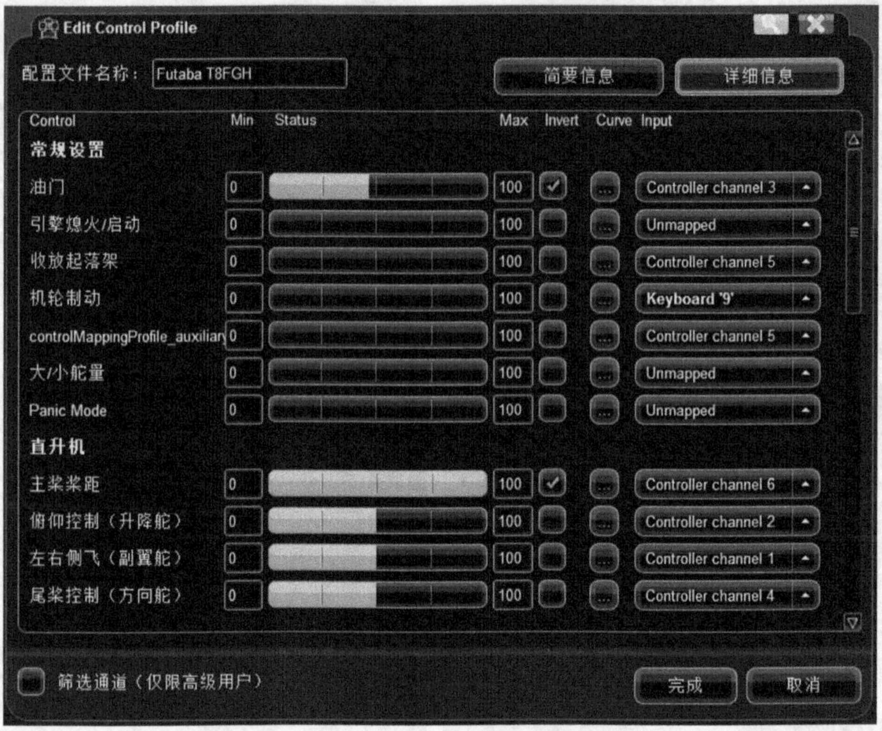

图 2-1-23　控制通道设置 2

图 2-1-24　选择模型

图 2-1-24 选择模型（续）

图 2-1-25 选择场地

图 2-1-25 选择场地（续）

（6）设置模拟速度

此项设置可以改变模拟器的灵敏度，改变模拟速度可以适应不同训练水平的操作者，模拟速度的百分比越低，飞机的反应越慢，越好控制；反之反应越快，飞机越难控制，操作者可以根据自己训练水平的提升逐渐改变模拟速度。

模拟速度的设置可以通过菜单栏执行“查看信息”→“屏幕显示”命令进行设置，如图 2-1-26 所示；也可以通过“程序设置”进行设置，如图 2-1-27 所示。

图 2-1-26 通过“屏幕显示”改变模拟速度

图 2-1-27 通过“程序设置”改变模拟速度

（7）设置训练模式

通过设置训练模式，进行不同科目的训练，如图 2-1-28 所示，通过菜单栏“训练模式”单击直接进入相应的训练模式。

“Phoenix RC”模拟器除了能够进行单机飞行训练之外，还可以进行“多人联机”训练，如图 2-1-29 所示，以及进行“投炸弹”“刺气球”“割飘带”等练习，如图 2-1-30 所示，以增加训练的趣味性。

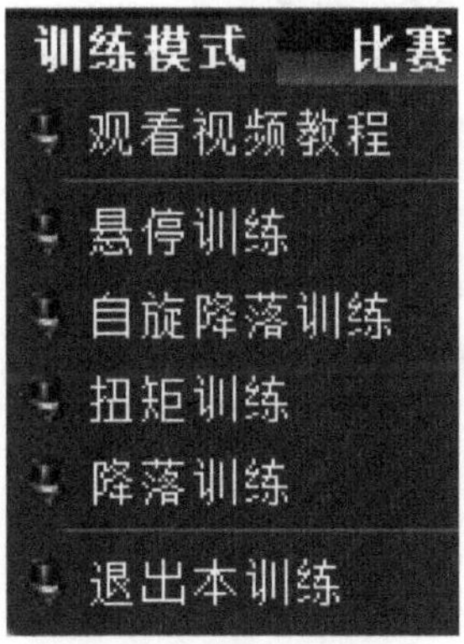

图 2-1-28 训练模式

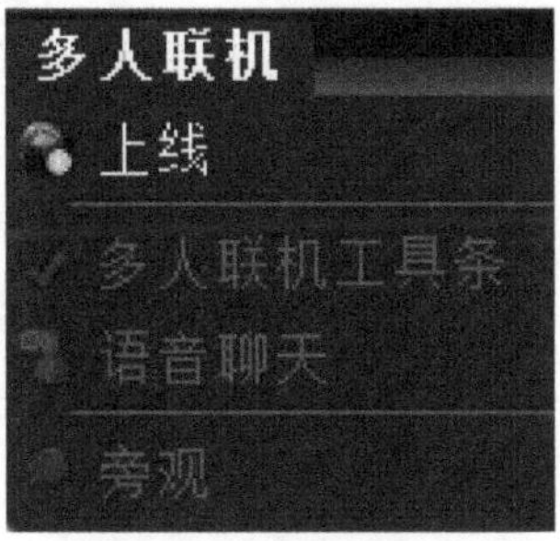

图 2-1-29 多人联机

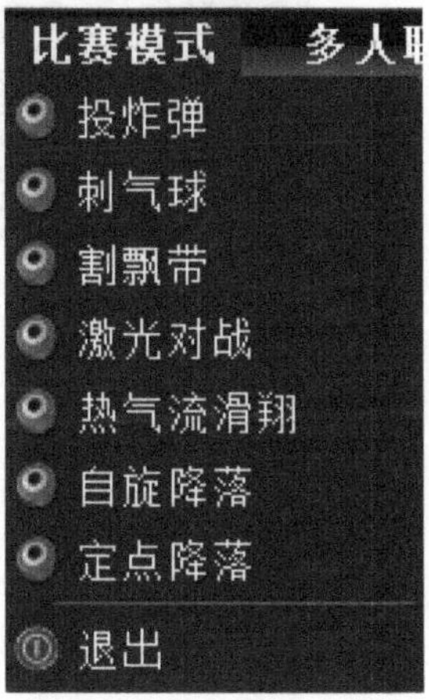

图 2-1-30 比赛模式

2．设置RealFlight模拟器

（1）连接设备

用数据线、加密狗将遥控器和计算机连接起来，如图 2-1-16 所示，遥控器开机（注意，对于 Futaba 遥控器不用开启电源，插上数据线，遥控器自动进入开机状态）。

（2）开启软件

双击软件“G4_EMU”快捷方式进入运行状态，如图 2-1-31 所示，单击“Launch the game！！！”按钮进入，如图 2-1-32 所示，软件自检运行成功后，等待设置，如图 2-1-33 所示。

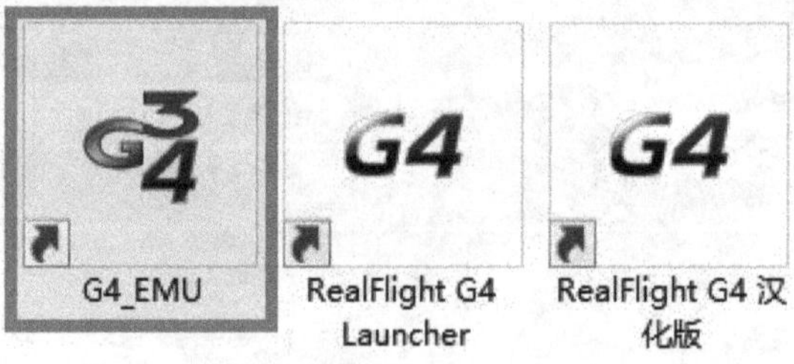

图 2-1-31　软件快捷方式

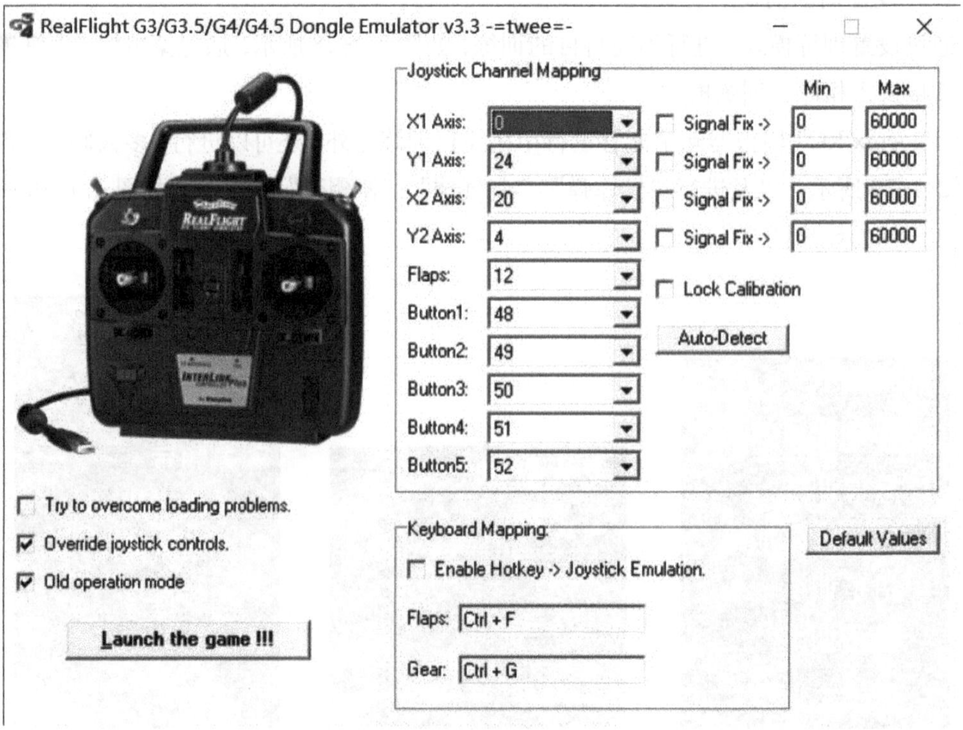

图 2-1-32　软件首界面

（3）连接遥控器

进入软件后，遥控器还不能控制无人机，执行“Controller”→“Select Controller”→“1.Interlink”命令（有时此处不止一个选项），如图 2-1-34 所示，遥控器连接成功后就能控制无人机了，但是控制通道、方向等还不对，还需要继续设置。

如果程序运行时出现了连接错误提示，或者没有“1.Interlink”选项，无法连接遥控器，那就需要安装控制台并注意切换加密狗的正确通道，具体如图 2-1-8 ～图 2-1-11 所示。

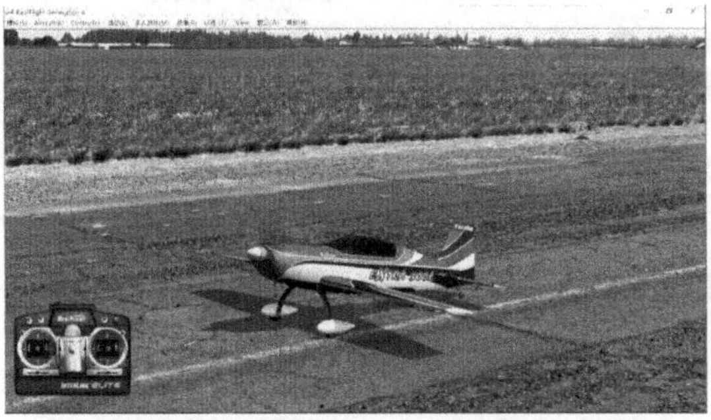

图 2-1-33　软件等待设置

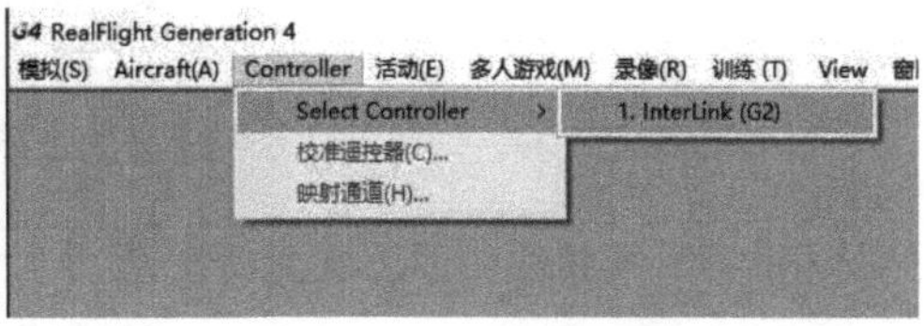

图 2-1-34　连接遥控器

（4）校准遥控器

遥控器连接成功后（控制操纵杆，飞机有相应的动作），需要校准遥控器，执行“Controller”→“校准遥控器”命令，如图 2-1-35 所示，单击“Next”按钮进入遥控器校准界面，在最大范围内操作两个操纵杆，然后单击“Finish”按钮，遥控器校准完成。

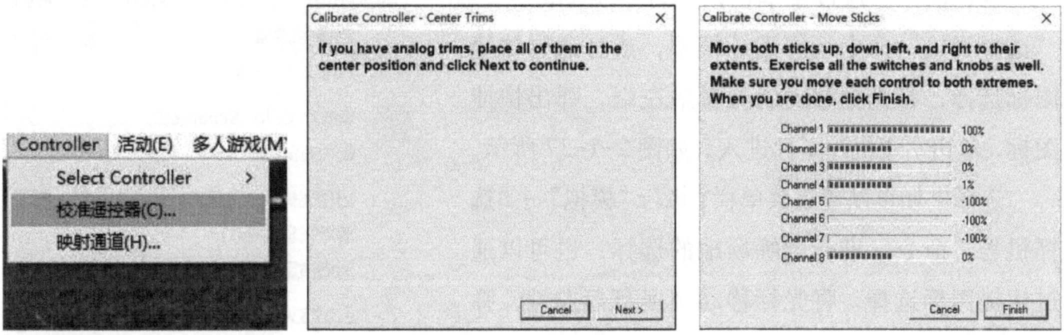

图 2-1-35　校准遥控器

（5）映射通道

遥控器校准完成之后，操作操纵杆，观察飞机的油门及每组舵面是否偏转正确，如不正确或者通道控制不对，则需要映射通道，执行“Controller”→“映射通道”命令，如图2-1-36所示，如果通道方向不对就勾选“反向”下面的复选框，如果通道映射不对应，就单击“映射到”下面的下拉列表框进行设置，设置正确之后单击“确定”按钮即可。

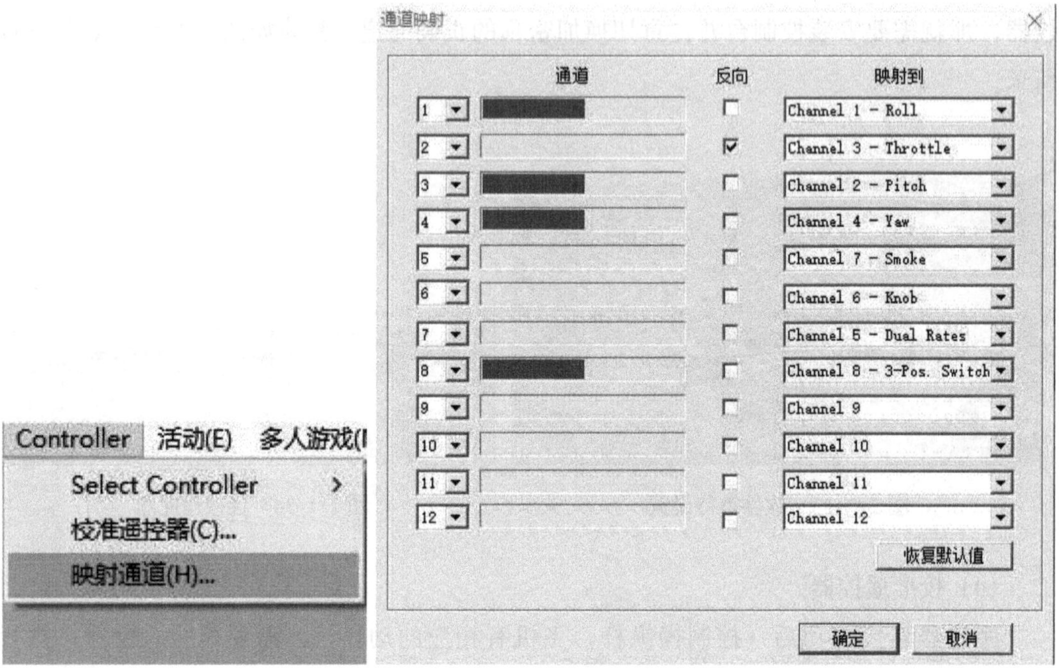

图2-1-36　映射通道设置

（6）选择模型和场地

选择模型。通过菜单栏，执行“Aircraft”→“选择飞机”命令选择训练模型，或者通过快捷图标选择，将光标移动到屏幕最左端，弹出快捷图标，单击“飞机”图标进入，如图2-1-37所示。

图2-1-37　选择模型

选择机场可以通过菜单栏，执行“模拟”→“选择机场”命令，进行训练场地的选择，也可以通过快捷图标选择，将光标移动到屏幕最左端，弹出快捷图标，单击“机场”图标进入，如图2-1-38所示。

做好上述设置之后即可进行模拟飞行训练，其他的设置内容大同小异，这里就不再赘述，留给操作者完成。

图 2-1-37　选择模型（续）

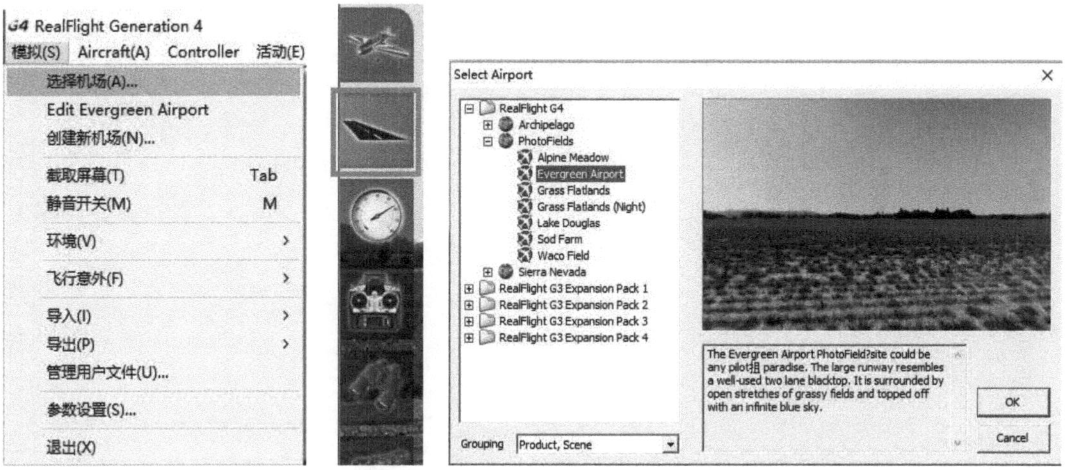

图 2-1-38　选择场地

习题

1）选择一种你喜欢的模拟器，安装在你的计算机上。

2）RealFlight 模拟器和 Phoenix RC 模拟器哪个你更喜欢，说明理由。

3）选一种你喜欢的模拟器叙述其设置步骤和注意事项。

4）在某次模拟飞行课堂上，你手边的遥控器是“日本手”模式，而你的飞行习惯是“美国手”模式，在不改变硬件的情况下，怎么通过设置软件让自己顺利使用这台遥控器?

5）在 RealFlight 模拟器中选择 F3P 模型（带变距桨），简述如何设置并控制这个模型进行训练。

6）你认为模拟速度的设置对自己的飞行训练有帮助吗？说说你的理由。

7）通过对本任务的训练，你有什么心得体会，分组讨论。

项目2

无人机的悬停训练

任务1　部分通道模拟悬停训练

任务简介

部分通道模拟悬停训练是多旋翼无人机飞行的入门技术，为后续的练习奠定基础，分为单通道悬停训练和双通道悬停训练，单通道悬停训练是通过各个击破的方法，以最简单的单通道控制方式，让操作者熟悉各个通道的控制感。单通道悬停达到练习目标后，切换到双通道进行练习，以双通道组合控制的方式，增加难度，循序渐进，为全通道训练打好基础。

任务目标

1）站姿和握控姿势正确，遵守操作规程或实训实习规程。

2）无人机稳定悬停，无错舵现象。

3）无人机无明显偏移，悬停时间在 1min 以上。

4）无人机发生偏移后能够迅速操控无人机重新进入悬停状态。

学习和训练内容

1）单通道模拟悬停训练。

2）双通道模拟悬停训练。

一、单通道模拟悬停训练

从本任务开始，正式进入飞行训练，再次强调，模拟的目的是为了回归现实，为了更好更快地回归现实，要重视模拟训练，要记住，“空中飞行的强大自信，来自于地面训练的细致严谨”，在进入外场无人机实装训练之前，一定要有细致严谨的模拟飞行训练。

单通道模拟悬停训练是新手的入门操作练习，只开启一个通道，难度低，操作容易，其中对尾悬停是最简单、最基本的科目，完成此科目练习之后，再进行对侧悬停和对头悬停训练。

1. 仅升降舵对尾悬停训练

仅升降舵对尾悬停训练项目，就是仅开启升降舵通道进行无人机悬停训练。所谓对尾，就是无人机尾部朝向操作者，绝大多数的飞手都是从该项开始进行无人机飞行训练的。使无人机尾部朝向自己，能够以最直观的方式操控无人机，降低由于视觉方位不同给操控带来的难度。

对尾悬停可在初期锻炼操作者在操控上的基本反射，熟悉无人机在俯仰、滚转、偏航和油门上的操控，完成对尾悬停练习，意味着操作者从“不会飞”正式进入“开始飞”的阶段。

训练要领是尽量保持定点悬停，控制无人机基本不动或尽量保持在很小的范围内漂移，当然，不是开启无人机的 GPS 模式，而是要在姿态模式或者手动模式下进行。培养操作者在无人机有偏移的趋势时就能给予及时纠正的能力，这对后面的飞行训练至关重要。切忌盲目自我满足，认为能控制住无人机不坠毁就是成功了，无人机飘来飘去也不及时纠正，这样会对以后的飞行训练科目造成较大困难。

在本任务中，练习仅升降舵的对尾悬停，升降舵控制在视觉上比仅副翼更容易稳定。在此训练过程中重点是找到推、拉操纵杆的感觉，达到准确把握推、拉操纵杆的时机和幅度，同时要注意，不可反复打舵（即控制操纵杆），而且尽量保证无人机的速度不能过快，速度过快对新手而言再想稳定下来就不太容易了。因此，要想使无人机稳定，就要遵守两个根本原则：“小舵量”和“快打杆”，也就是说要用很小的打杆幅度，配合快速准确的打杆控制来稳定无人机达到悬停的目的。

在本任务中，只开启升降舵通道，那么“小舵量”就是要掌握推、拉舵的幅度，不宜过大；“快打杆”就是要掌握推、拉舵的时机，要及时打杆，且速度要快，下面详细介绍。

（1）训练步骤

1）连接设备。用数据线、加密狗将遥控器和计算机连接起来，如图 2-1-16 所示，遥控器开机（注意，对于 Futaba 遥控器不用开启电源，插上数据线，遥控器自动进入开机状态）。

2）开启软件。双击软件“PhoenixRC”进入运行状态，单击“Start Phoenix R/C”按钮进入，等待设置，如图 2-1-17 所示（首次运行需要进行语言选择，如图 2-1-7 所示）。

3）配置新遥控器（或选择遥控器）。配置新遥控器可以直接单击如图 2-1-18 所示界面上的遥控器图标，也可以通过菜单栏执行“系统设置”→“配置新遥控器”命令，如图 2-1-19 所示。

如果程序运行时出现了连接错误提示，或者在遥控器校准时出现无法校准提示，如图 2-1-20 所示，那就需要安装控制台并注意切换加密狗的正确通道，具体如图 2-1-8 ～图 2-1-11 所示。

4）设置控制通道。在起飞之前先检查各个通道是否正确，如果不正确，需要进行控制通道设置，通过菜单栏执行“系统设置”→“控制通道设置”→“编辑配置文件”命令，对不正确的通道进行“反向”设置，如图 2-1-23 所示，通过勾选“Invert”目录下对应通道的复选框进行设置。

5）选择模型。执行“选择模型”→“更换模型”命令，选择训练模型，本训练项目选择多旋翼无人机，如图 2-2-1 所示，单击“完成”按钮。

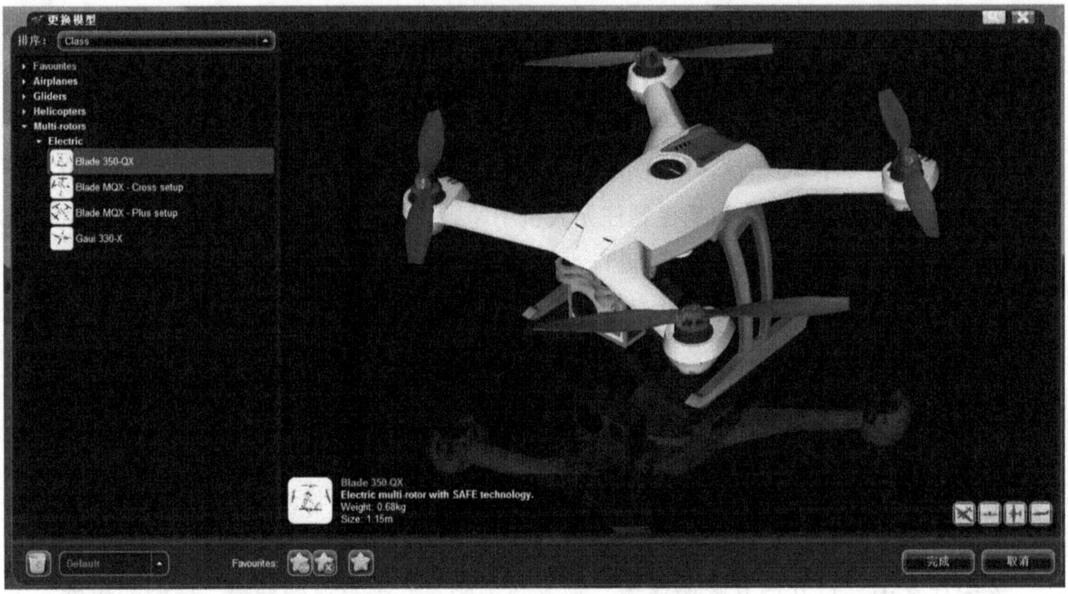

图 2-2-1　选择要训练的多旋翼无人机

6）选择训练模式。执行“训练模式”→“悬停训练”命令进入单通道悬停训练模式，如图 2-2-2 所示，在“设置”下拉列表中选择“仅升降舵”，在“方向”下拉列表中选择“后面”，这就是仅升降舵对尾悬停训练模式。

图 2-2-2　“仅升降舵”对尾悬停训练

7）开始训练。完成设置后，开始进行训练，注意站姿和握控姿势，要严格遵守操作规程，这是成为一个合格无人机操作者不可或缺的素养，操作者的站姿及握控姿势可参考理论篇 2.3 节中的相关内容。

8）操纵说明。仅升降舵悬停训练，只需要通过遥控器的升降通道控制无人机悬停，操纵很简单，让无人机在预定高度悬停，基本不发生偏移或偏移量很小，控制方法就是准确判断无人机偏移并及时反向打杆进行纠正，例如，无人机向前偏移，操作者要及时后拉升降舵进行纠正，如图 2-2-3 所示（以“美国手”为例）；反之，则推杆进行纠正。

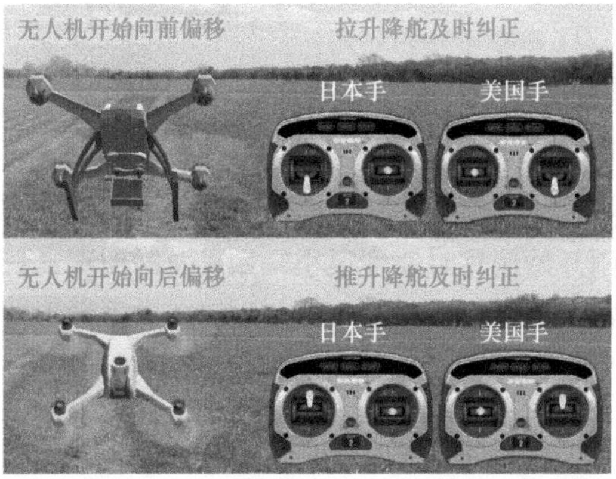

图 2-2-3 通过升降舵纠正无人机的前后偏移

（2）训练技巧

1）调整模拟速度。通过改变模拟速度，调整训练难度，让训练过程循序渐进，可以根据不同练习者的自身情况，进行模拟速度的针对性调整，例如，可以把模拟速度调整为50%（或者更低），通过练习达到一定基础之后逐渐增加模拟速度。

2）预防失控“炸机”。失控“炸机”是新手开始练习时常遇见的问题，主要原因在于没有找到准确打杆的感觉，对打杆的时机和幅度把握不准，以至于无人机飞远了。对于这种情况，只要勤加练习，很快就能解决，一定要记住前面所介绍的“小舵量”和“快打杆”原则，虽然短时间内很难做到，但是要通过训练去逐渐接近这个操作标准，训练就是逐渐接近标准的过程。

3）纠正钟摆运动。解决了无人机飞远“炸机”的问题后，就会出现无人机“钟摆运动”的问题，就是练习时无人机始终在做钟摆运动，无法稳定下来。对于这个现象，实际上是操作者的纠正动作和无人机的飞行动作出现了耦合现象，没有达到纠正的目的，反而加大了无人机摆动的幅度。

导致这种现象的原因，如图 2-2-4 所示，无人机产生向前偏移，一般是因为无人机有了向前倾斜的角度，这时无人机升力就会产生向前的水平分力，见式（2-2-1）。

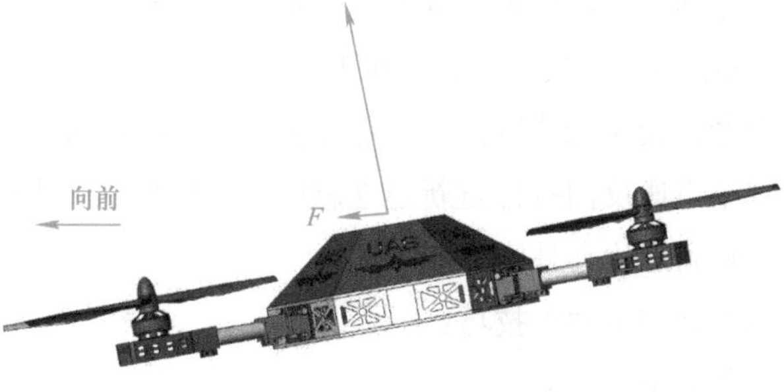

图 2-2-4 无人机向前偏移的受力

$$F=ma \tag{2-2-1}$$

式中　F——物体的受力；

m——物体的质量；

a——物体的加速度。

由式（2-2-1）可知，由于水平分力的存在，就会产生加速度 a，无人机就会以加速度 a 向前偏移，无人机刚开始偏移时速度很小，如果及时纠正，只需要很小的杆量，无人机便会停止向前偏移。否则，在加速度 a 的作用下，无人机前飞速度会持续加大，根据式（2-2-2）：

$$V(t)=V_0+at \tag{2-2-2}$$

加速时间越长，速度越快，此时再纠正无人机的偏移势必需要加大杆量，因为通过一段时间的加速之后，速度变快，要想在很短的时间内让无人机停止向前偏移，达到纠正的效果，需要更大的加速度 a，根据式（2-2-1），质量不变，则需要更大的反向受力，如图 2-2-5 所示，那就需要无人机有更大的向后的倾角。倾角越大，无人机“刹车”时间越短。

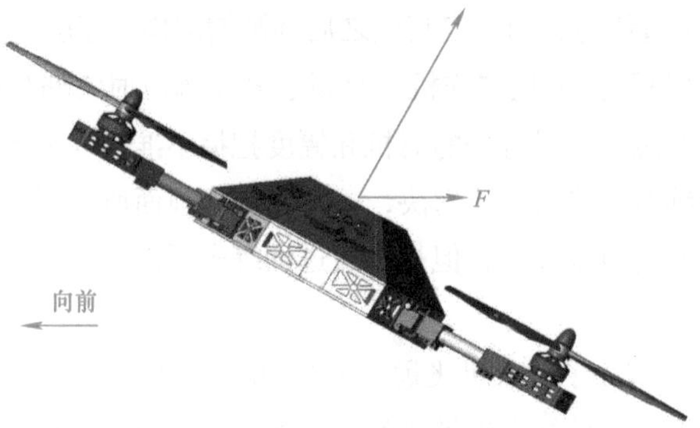

图 2-2-5　无人机向前偏移的纠正

在对无人机的偏移进行纠正的过程中，当无人机前飞速度接近零时，应该及时推杆，调整无人机姿态，让无人机重新建立悬停，否则，无人机就会在向后的加速度作用下开始加速向后飞行，如此反复，无人机就会呈现所谓的钟摆现象，无法稳定悬停。

要克服这个问题，根据上面的分析，得出的正确操作步骤如下：

首先，要在飞机开始偏移时就要及时打舵纠正，做到“小舵量”和“快打杆”。

其次，如果飞机已经以较快的速度偏移，那就要以较大的杆量进行纠正，并且要在无人机偏移停止的停顿点上迅速反向打杆重新建立悬停，然后再以“小舵量”和“快打杆”的方法让无人机慢慢平移到想让它悬停的地方。

除此之外，学习离不开如下两个技巧：

第一：勤学苦练、熟能生巧。

这是任何技能训练都离不开的技巧，需要不断练习，技能型训练的特点就是需要下功夫，通过不断的反复训练，让操作动作成为下意识动作，就是所谓的肌肉记忆，如果每个动作都需要去思考判断，那就不能熟练操控无人机，甚至容易出现错舵现象，导致无人机坠毁的危险，正如前面所说的，训练是一个不断接近标准的过程。

第二：勤于思考、善于总结。

古人云：“学而不思则罔，思而不学则殆”，不能埋头苦练，一定要在努力学习的基础之上勤思考、善总结，方能事半功倍。训练是一个不断接近标准的过程，勤于和善于思考总结，接近标准的速度就会加快。

2. 仅副翼对尾悬停训练

仅副翼对尾悬停训练，步骤和前面的科目基本相同，只有一步不同，如图 2-2-6 所示，在“设置”的下拉列表中选择“仅副翼”，“方向”的下拉列表中依然选择“后面”，这就是仅副翼对尾悬停训练模式。

图 2-2-6 “仅副翼”对尾悬停训练模式

仅副翼舵对尾悬停的操作与仅升降舵相比，在无人机偏移量的判断上更加明显，因为升降舵控制的运动方向平行于操作者的视线，而副翼控制的运动方向则与操作者视线垂直。对于初学者来说，刚接触副翼操控时会觉得比升降舵控制灵敏很多，不过有了前一个科目的训练基础，这个科目很快就能达到要求。

操作方法如图 2-2-7 所示，当无人机向左偏移时，要及时向右压杆进行纠正（右压副翼），反之则向左压杆进行纠正。

图 2-2-7 通过副翼纠正无人机的左右偏移

这个科目和前面一个科目的训练技巧基本相同，其常见的问题类似于升降舵中的问题，例如，钟摆运动，失控“炸机”等，而且副翼操控中会看得更加明显，所以需要强调打舵切勿心急，如果操控正在往右运动的无人机往左运动时，操作者需要小舵量压住左副翼，等待向右的速度慢下来直到停止接下来继续压舵，无人机才会开始往左运动，所以要控制无人机悬停，要在无人机即将往左的瞬间，操控副翼回中或向右轻轻压一下，无人机就会趋于稳定，一旦心急反复打舵，只会看见无人机反复钟摆运动，根本无法稳定下来。

3. 仅方向舵对尾悬停训练

仅方向舵对尾悬停训练，步骤不变，只需要将“设置”的下拉列表中的选项更换为“仅方向舵”即可，如图 2-2-8 所示，该项目的训练比较简单，不需要过多介绍，不过依然很重要，训练该科目要达到熟练控制方向舵的目的，是无人机飞行技术不可或缺的科目之一。

图 2-2-8 “仅方向舵”对尾悬停训练模式

操作方法如图 2-2-9 所示，通过方向舵操作无人机，当无人机开始向左旋转时，要及时右压方向舵进行纠正，反之则左压方向舵进行纠正。

图 2-2-9 通过方向舵纠正无人机的左右旋转

4. 对侧悬停和对头悬停

有了前面的对尾悬停的练习基础，对于单通道悬停训练而言，对侧悬停和对头悬停的训练难度就不大了，只是需要改变方位，通过不断练习，让操控无人机的动作成为下意识的动作，达到得心应手的状态，但是还是要注意几点：

首先，需要有对尾悬停的扎实基础，不要忽略对尾悬停或者浅尝辄止，因为对尾悬停是后面飞行科目的基础，必须打牢基础。

其次，要注意的是单通道中对头和对侧的方位判断及正确打舵，务必要练习得很扎实，决不能有错舵情况出现，因为如果单通道状态下方位判断都不熟练，到后面的双通道、全通道甚至外场飞行练习就更加难以完成。

第三，对侧悬停训练可以借助“身体扭转”的方式来降低训练难度，如图 2-2-10 所示，适当扭转身体，使身体大致朝向无人机机头的方向，这样，自己的左右就能和无人机的左右保持一致了，如图 2-2-10a 所示，左侧悬停，让身体稍微向左扭转；如图 2-2-10b 所示，右侧悬停，让身体稍微向右扭转。

通过调整自己身体的朝向，让自己有坐在无人机里的感觉。这样，就可以加速这种思维方式的转变。随着训练的进行，思维方式会自然地发生转变，通过这种方式以达到降低训练难度的目的，等达到训练要求之后，身体扭转的动作自然也就不再用了。

不过要注意，扭转身体只是为了起到辅助的作用，千万不要把它当成一个任务来完成。用不着努力去让自己精确地面向飞机飞行的方向，以为只有这样才能起到扭转身体应起的作用。其实只要稍稍转一点儿，效果就有了。而且，当训练达到效果之后就别再扭转身体了。

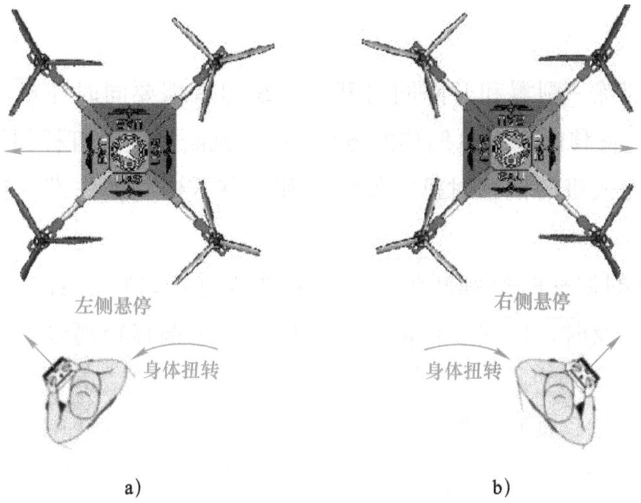

图 2-2-10 对侧悬停训练技巧

a) 左侧悬停 b) 右侧悬停

最后，对头悬停不能完全像对侧悬停那样通过身体扭转的方式来进行训练，但是可以借鉴这种感觉，同样可以起到降低难度的效果。

二、双通道模拟悬停训练

经过单通道训练，操作者已经掌握了各个通道的打杆要领，而且在单通道练习中强调的打杆方式也要形成习惯，要准确把握打杆的幅度和时机，就是要求做到“小舵量”和“快打杆”。不要反复打杆，要避免打杆的时机和飞机的摆动形成耦合。

在单通道悬停训练中，反复打杆的后果可能表现得还不是很明显，因为只需控制一个通道，而在双通道训练中，要同时控制两个通道，注意力要分散到两个通道，反复打杆更容易导致无人机失去平衡，一旦形成耦合，后果更加难以收拾。因为在单通道控制时反复打杆如果形成耦合，就会让无人机进入钟摆状态，但是双通道控制时反复打杆一旦形成耦合，容易让无人机进入原地画圈的飞行状态。

训练方式大同小异，只是难度增加了，控制通道由单通道变为了双通道，从对尾悬停训练开始，如图 2-2-11 所示，在“设置”的下拉列表中选择“升降舵 + 副翼”，下面介绍在双通道训练中常见的问题。

图 2-2-11 双通道控制悬停

1．无人机失控“炸机”

双通道悬停训练，副翼和升降同时开放，练习者需要同时注意前后左右四个方向上无人机是否发生偏移以及发生偏移的方向，通过判断后及时打杆纠正无人机的偏移，初学者难免会对无人机的偏移时机、偏移量和偏移方向判断失准，在练习中要进行针对解决。

1）对无人机的偏移时机判断失准，就会造成打杆时机落后，说明操作者的反应速度不够，纠正不及时，出现这种情况会造成无人机偏移距离过大，无人机一般不会“炸机”。

2）对无人机的偏移量判断失准，会造成打杆量不够，纠正程度不够，无人机还在继续偏移，这种情况也不会马上“炸机”，可以通过继续打杆进行纠正，可以采用小舵量、多次打杆的方式。

3）对无人机的偏移方向判断失准，也叫错舵，打杆纠正的方向发生错误，不但没有起到纠正的作用，反而增加了无人机的偏移量。

出现错舵，对于新手来说就很容易“炸机”，主要是从单通道过渡到双通道，需要同时协调两个通道的操作，刚开始往往容易顾此失彼。出现这种问题是很常见的，练习者在训练过程中都会经历这个过程。通过反复训练，逐渐熟练地进行准确打杆，形成条件反射，问题就会迎刃而解。

2．无人机原地画圈

在刚开始由单通道训练过渡到双通道训练时，有时候会遇到无人机原地画圈，无法稳定的问题，始终停不下来，这个原因在前面单通道训练中分析过，一般是反复打杆与无人机的动作形成耦合导致的。

要解决这个问题，还是要用前面单通道训练中所说的方法，只是这里更复杂一些。

首先，要在无人机开始偏移时就要及时打舵纠正，做到“小舵量”和“快打杆”。

其次，如果无人机已经以较快的速度偏移，那就要以较大的杆量进行纠正，并且要在无人机偏移停止的停顿点上迅速反向打舵重新建立悬停，然后再以“小舵量”和“快打杆”的方法让无人机慢慢平移到想让它悬停的地方。注意需要提前预判，在无人机到达预定悬停点之前就要开始反向打杆，要有提前量，重新建立悬停。当然多旋翼无人机不可能绝对静止悬停，还是会有小的偏移，需要仔细观察无人机姿态，然后及时小舵量纠正即可。

同时，双通道控制更为复杂一些，需要同时控制两个通道，但都可以往升降舵和副翼方向进行分解，例如，无人机往后偏右方向偏移，如图 2-2-12 所示，可以分解为横轴方向和纵轴方向的分运动，也就是说这个运动实际是横轴方向的运动和纵轴方向的运动的合运动，那么，要纠正这个偏移就需要在副翼和升降舵两个方向进行同时纠正。

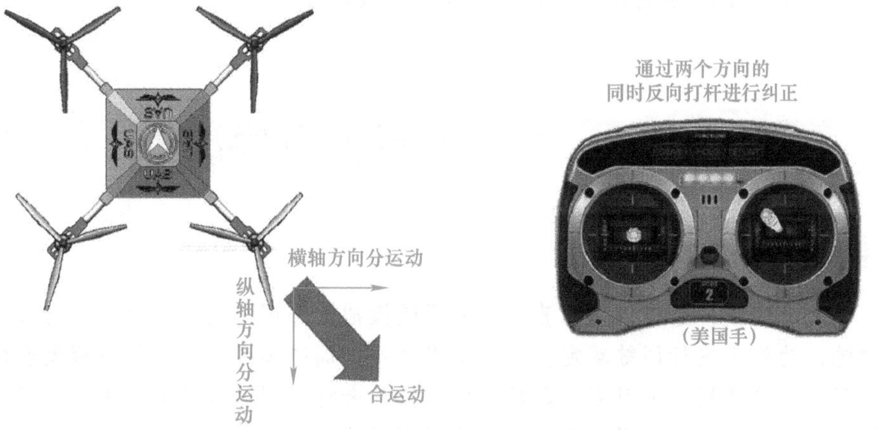

图 2-2-12 双通道控制的偏移分析和纠正方法

原理可以分析，技巧可以分享，但这些都只是能够帮助操作者加快练习速度，并不能代替练习，所以要不断地练习和总结，将操控动作练成条件反射，具备肌肉记忆就解决了。

双通道对尾悬停训练完成后，对侧（左边和右边）和对头（前面）的训练对于初学者来说还是很有难度的，但是操控的方法大同小异，只是操作者相对于机头的位置发生了变化，需要操作者具备正确的方向感。有的操作者表示对头和对侧也能很快掌握，基本不存在错舵的情况，说明操作者方向感很好，但是对于大多数新手来说还是难度不小。可以想象着自己坐在无人机上驾驶无人机，这样无论是对头还是对侧，对于无人机自身而言并不存在方位问题。当然，这个方法依然存在思维转换的问题，所以这里同样可以借鉴前面所介绍的通过身体扭转的方式降低对侧悬停和对头悬停的训练难度。

总之，初学者加强练习，完成对侧和对头的正确控制，达到肌肉记忆最终形成条件反射。这就达到了双通道训练的目的，为后面的全通道控制又奠定了重要的一步。

习题

1）单通道悬停训练主要有哪几种，你认为先练哪一种更适合自己，说明理由。

2）训练无人机飞行为什么先练悬停科目?

3）对比说明固定翼无人机和多旋翼无人机的各控制通道的异同。

4）仅副翼对尾悬停的操作与仅升降舵相比，在无人机偏移量的判断上更加明显，为什么?

5）双通道悬停训练对于单通道悬停训练来说，难度变化主要在哪里?

6）悬停训练时会遇到无人机原地画圈，应该怎么解决?

7）经历了部分通道的悬停训练，你有什么体会?

任务2　全通道模拟悬停训练

任务简介

有了部分通道模拟悬停训练为基础，全通道模拟悬停训练是将前面的飞行技能进行综合性的训练，为外场飞行训练奠定基础，不用进入“训练模式”，选择好模型和场地，直接进行练习。多旋翼模型练习完成之后，建议操作者将模型换成直升机进行练习，以增加难度，提高飞行技术，因为模拟器中的多旋翼模型稳定性较好，可以作为训练基础，之后可以用直升机继续提升飞行水平，这样可以大大减小外场飞行训练时“炸机”的几率。

任务目标

1）站姿和握控姿势正确，遵守操作规程或实训实习规程。

2）无人机稳定悬停，无错舵现象。

3）无人机无明显偏移，悬停时间在1min以上。

4）悬停过程中无人机无明显的高度变化。

5）无人机发生偏移后能够迅速操控无人机重新进入悬停状态。

学习和训练内容

1）模拟对尾悬停训练。

2）模拟对侧悬停训练。

3）模拟对头悬停训练。

4）模拟四位悬停训练。

5）模拟原地自转一周训练。

全通道模拟训练就是开放了操控无人机的所有通道，包括升降舵、副翼、方向舵、油门以及其他所有通道，当然，在模拟器中一般主要涉及操控无人机运动的4个通道，通过单通道、双通道的一步步训练，操作者已经熟练掌握了2个通道同时协调操控的方法和技巧。因此，在本任务学习中，就是在升降舵和副翼的基础之上，加入方向舵和油门的控制，将模拟训练难度继续提升，这是进行外场无人机飞行训练的重要科目，需要认真训练，将基础打牢才能在外场训练中提高效率、降低损失。

全通道模拟悬停训练是将前面的飞行技能进行综合性的训练，为外场飞行训练奠定基础，不用进入“训练模式”，选择好模型和场地，直接进行练习，建议执行“选择场地”→“场地布局”→“F3C方框”命令，如图2-2-13所示；多旋翼模型练习完成之后，建议操作者将模型换成直升机进行练习，如图2-2-14所示，以增加难度，提高飞行技术。因为模拟器中的多旋翼模型稳定性较好，可以作为训练基础，之后可以用直升机继续提升飞行水平，这样可以大大减小外场飞行训练时“炸机”的几率。

图2-2-13　全通道模拟悬停训练

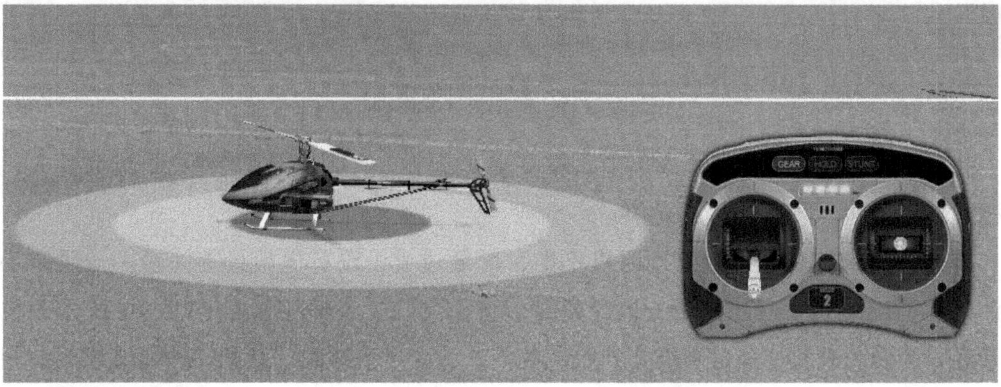

图2-2-14　直升机悬停飞行训练

全通道模拟悬停训练的训练标准：

1）操控无人机完成定高定点悬停。

2）无人机水平方向上没有明显偏移，不得飞出绿圈区域。

3）高度不得出现明显的上下浮动。

4）悬停时间能达到1min以上。

一、模拟对尾悬停训练

对尾悬停训练，就是无人机尾部朝向操控者，控制无人机起飞并使无人机稳定地悬停在红色靶心上方，如图 2-2-15 所示。这是无人机操控的最基本内容，由于无人机尾部朝向操作者，因此操作者可以完全按照自己的方位去判断无人机飞行的方位，能够以最直观的方式操控无人机，完全没有由于视觉方位的不同而进行思维转换给操作者带来的困难。

全通道对尾悬停是训练操作者最基本的操控方法。在前面的单通道和双通道训练中，主要训练操作者对打杆的时机和杆量的把握，积累无人机操控的手感，全通道悬停主要训练操作者对升降、副翼、方向和油门 4 个通道之间的协调控制，锻炼操作者对于操控无人机的快速反应能力。全通道对尾悬停是最基础的全通道训练，也是以后控制无人机必不可少的技能之一，完成全通道对尾悬停的训练，意味着无人机操控正式入门。

图 2-2-15　模拟对尾悬停训练

和双通道相比，在全通道对尾中，新手感觉最难的就是油门的控制。开始时无人机很难稳定做到定高，原因有主要两点：

首先是因为油门的操控出现时机不准、舵量过大、没有提前量等问题。一般新手控制油门容易出现以下问题，无人机掉高时，新手会以较大的舵量推油门，导致无人机快速升高，等无人机到达预定高度才开始减油门，就会出现飘高的现象，然后继续减油门，无人机又开始快速下降，降到预定高度时才开始加油门，如此反复，就会导致无人机忽高忽低，难以定高。正确的操作是当无人机掉高时加油让无人机升高，当无人机快要达到预定高度时就要提前收油门，让无人机上升速度减慢最终在预定高度停止上升；同样，当无人机飘高时减油门让无人机下降，当无人机快要接近预定高度时就要提前加油门，让无人机下降速度减慢最终在预定高度停止下降。这就是所谓的提前量，而且油门控制要柔和、精准。

其次是在操控时出现“混舵”，所谓“混舵”就是操控同一个操纵杆的另一个通道时附带操控了油门，例如，“美国手”模式，新手容易在操控方向舵时附带了油门；“日本手”模式，在操控副翼时附带了油门。关于“混舵”问题前文有详述，这里就不再赘述了，关键是找到原因，及时总结，增加训练。

当然，“混舵”现象在两个操纵杆上都会出现，最终克服办法还是通过不断训练，熟悉操作手感来解决，初期可以调整操纵杆的复位弹簧增加操纵杆的硬度（如图 1-2-9 所示）来加快练习进度。

全通道对尾悬停训练虽然 4 个通道都开放，但在训练中需要随时去操控的只有升降、副翼和油门 3 个通道，方向通道基本不会有操控困难。在操控中，精准控制油门是无人机能稳定悬停的根本，因为操作者在双通道悬停训练中已经掌握了副翼和升降舵的控制方法。

推油门起飞时要慢，无人机缓缓起飞到达预定飞行高度前就要缓缓收油，使无人机上升速度减缓，当接近悬停时不再收油，如果无人机往下坠，重新再给一点油，之后反复微调，稳住飞行高度。

全通道训练时无人机水平方向会存在飘移，对于无人机飘移的纠正一定要及时快速，需要将无人机的飘移细分为横轴和纵轴两个方向来进行操作，保持清晰的打舵思路。当然，在前面双通道训练中已经有详细介绍了，在这里不再赘述，而且开始进行全通道悬停训练之前，相信操作者对双通道悬停训练已经比较熟练。

二、模拟对侧悬停训练

对侧悬停训练，就是无人机升空后，原地旋转 90°，机头向左（或向右），让无人机的侧面对着操作者，完成定点悬停，如图 2-2-16 所示就是对左侧悬停。这是对尾悬停过关后，首先必须要突破的一个科目。

图 2-2-16 对左侧悬停

对侧悬停训练最大的困难就是无人机的方位和操作者的方位不一致，在操控时打杆的思维还需要转换，例如，对尾悬停时左压副翼是控制无人机向左侧移，而对左侧悬停时左压副翼则是控制无人机向操作者靠近。所以打杆的思维转换发生差错（所谓的“错舵”）就会造成控制失败。

对侧悬停训练能够极大地增强飞手对飞机姿态的判断感觉，尤其是远近的距离感。但对于一个新手来说，直接练习侧位悬停的难度很大，因为从对尾悬停直接到对侧悬停，方位不一致，打杆时容易错舵。可以从“45° 斜侧位”对尾悬停开始练习，例如，练习对左侧悬停之前先练习左侧“45° 斜侧位”对尾悬停，如图 2-2-17 所示，这样可以在方位感觉上借助对尾悬停训练中积累下来的条件反射，训练难度降低很多，同时可以借助前文所介绍的身体扭转的方式配合练习，当斜侧位对尾悬停训练成功后，逐渐将无人机转入正侧位悬停，会觉得比较容易完成。

图 2-2-17　左侧“45° 斜侧位”对尾悬停

当然，也有部分操作者在练习完“45° 斜侧位”对尾悬停之后，练习对侧悬停依然感觉困难，那就继续增加角度，例如，“60° 斜侧位”和“75° 斜侧位”，根据自身训练情况进行角度增加，循序渐进，直到增加为 90°，也就是对侧悬停了。

这里需要特别指出的是，一般人都有一个侧位是自己习惯的方位（左侧位或右侧位），这是很正常的。但不要只飞自己习惯的侧位，一定要左右侧位都训练，直到将两个侧位在感觉上都熟悉为止。

在对侧的练习中，除了在全通道对尾悬停中频繁运用到的升降舵、副翼和油门通道，还会间歇性地用到方向通道。下面对方向通道的操控进行介绍。首先，方向舵的打杆一定要柔和、均匀，操作时往左（或往右）轻轻压住一点杆量，使无人机缓慢地进行旋转，当无人机旋转至预定角度时回中停止转动。在旋转的过程中，操作者会面临很多问题，例如，无人机一转就会发生偏移或者掉高。其实模拟器中的无人机模型是很稳定的，出现前面的问题是因为新手操纵方向舵时由于紧张或者其他原因，附带打了其他通道的舵量，在训练中操作者要有意识地练习和总结，问题都会迎刃而解。

三、模拟对头悬停训练

对头悬停训练，顾名思义，是在无人机升空后，操控无人机原地旋转 180°，相对于操作者而言，机头朝向自己，完成定点悬停，如图 2-2-18 所示。

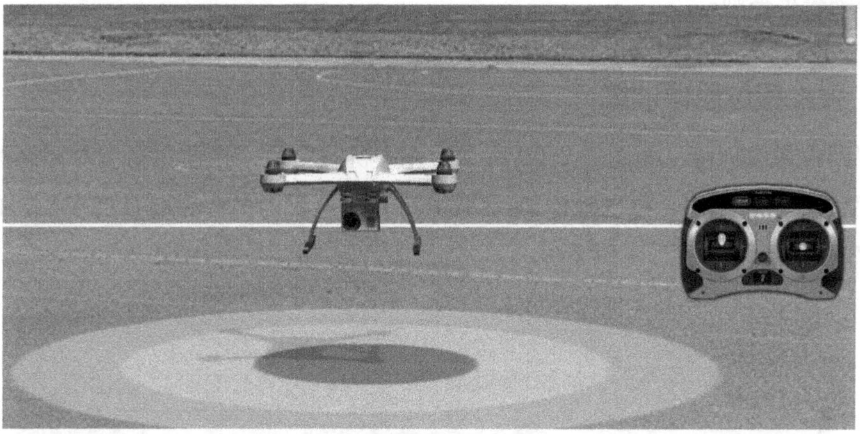

图 2-2-18 对头悬停训练

对于新手而言，对头悬停是悬停训练中最困难的，因为除了油门以外，其他通道的控制对于操作手的方位感觉来说，跟对尾悬停相比都是相反的。尤其是升降舵和副翼，例如，推升降舵时无人机是飞向操作者，左压副翼时飞机是向右偏移，所以在对头悬停训练中很容易错舵。

在训练中可以采用对侧悬停训练的策略，以对侧悬停的技能为基础，先训练“45°斜侧位”对头悬停，如图 2-2-19 所示，这样可以在方位感觉上借助对侧悬停训练中积累下来的条件反射，训练难度降低很多，逐渐增加角度，当斜侧位对头悬停训练成功后，逐渐将飞机转入对头悬停。

图 2-2-19“45°斜侧位”对头悬停

对头悬停对于航线飞行来说非常重要，好好练习，一定要把操控反射的感觉培养到位，对于今后进入自旋练习也相当有好处。把机头朝向自己有种美妙的感觉，就像是无人机在与操作者进行面对面的交流。完成对头悬停训练就完成了模拟悬停训练的这个科目，为外场训练奠定基础。

四、模拟四位悬停训练

模拟四位悬停训练，如图 2-2-20 所示，无人机升空后，在预定高度对尾悬停 2s，然后原地旋转 90° 悬停 2s，每次悬停 2s 后原地转 90° （顺时针、逆时针均可），直至完成四个方位的悬停。

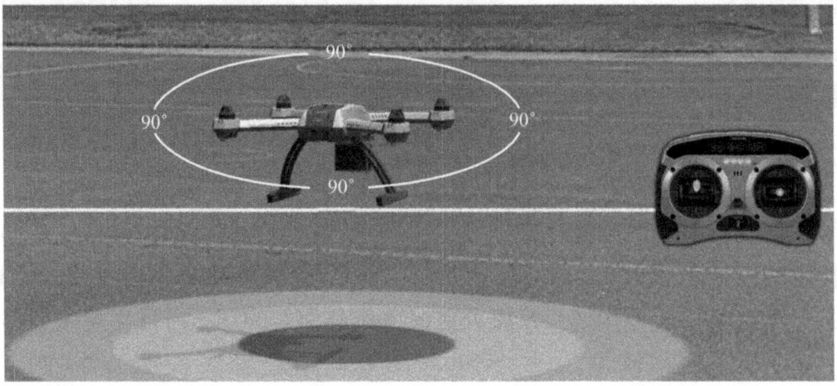

图 2-2-20 四位悬停

要求旋转时高度不变，旋转过程中机体无明显偏移，停止时角度正确，无提前或滞后现象，旋转速率均匀（一般 90° /s），整个过程中无错舵现象发生。

操作方法在前面的每个训练阶段都分别有详细介绍。本科目的难点主要是旋转的过程中由于螺旋桨的反扭矩影响，无人机会有偏移，由于螺旋桨差动的影响，无人机会有高度变化。而且由于操作者所面对的飞行器的视角不同所以需要操作者及时地调整思维，作出正确的判断和及时的修正。

当然在训练过程中，也可以进行八位悬停训练，过程相同，只是每次旋转角度为 45° ，对于部分操作者来说更容易掌握，因为前面进行对侧悬停和对头悬停训练时，都是通过“45° 斜侧位”进行过渡的。

五、模拟定高自转一周训练

定高自转一周，如图 2-2-21 所示，无人机升空后，在预定高度悬停，然后原地旋转一周 360°（顺时针、逆时针均可）。

图 2-2-21 定高自转一周

要求悬停自转时，无人机没有明显的高度变化，旋转速率均匀（一般 90° /s），停止时角度正确，无提前或滞后现象（准确悬停在自转之前的方位），旋转过程中无错舵情况发生，无人机没有明显的偏移和高度变化。

前面所训练的四位悬停或者八位悬停，是无人机定高自旋训练的基础。定高自旋相当于中间不停顿的八位悬停（或者四位悬停），但操作难度大于八位悬停，因为八位悬停可以先转到位，再打舵调整无人机的姿态，但定高自旋却不能，必须要保证无人机旋转的连续性和均匀性，也就是说定高自旋要求无人机在连续均匀的旋转中不出现明显的偏移和高度变化，那就必须在旋转过程中随时对无人机作出正确的判断和及时的修正，难度较大，对于操作者的方位判断要求很高，因此，必须通过训练对无人机在每个位置时的打杆动作形成条件反射，避免因为错舵导致无人机定高自转失败。

定高自旋过程中打杆操作类似于八位悬停，只是需要进行连续的协调和整合训练。其中油门控制和八位悬停一样，只要保持稳定的油门舵量并及时进行相应的细微修正就能稳住无人机高度，当然必须要避免“混舵”的发生，如果还没有解决这一点，那请返回四位悬停训练继续进行训练。对于方向舵来说始终轻轻压住小杆量即可，控制住油门和方向，无人机已经能定高和匀速旋转了。在无人机旋转的过程中出现偏移现象，再通过副翼和升降舵去纠正，升降舵和副翼打杆要求“时机准、舵量小、速度快”，一发生偏移马上就要打杆纠正。而且操作者要注意边旋转边纠正，新手训练容易造成一纠正就忘了旋转，需要加强训练解决协调控制问题。

习题

1）全通道悬停训练包括哪些通道?

2）悬停训练中无人机出现明显的高度变化是什么原因，应该怎么解决?

3）何为“混舵”，会带来什么不良影响，你是如何解决的?

4）如何从对尾悬停过渡到对侧悬停，为什么?

5）四位悬停训练中，你有何经验总结，大家分组讨论分享。

6）你认为定高自转一周训练对比四位悬停训练，难点主要是哪些?

任务3 模拟起降训练

任务简介

起降训练是建立在悬停的基础之上的，这是进行外场无人机飞行训练的最后一个科目。为何要进行模拟起降训练，如前所述，模拟不是游戏，模拟的最终目标是回归现实，而现实飞行不像模拟飞行训练那样可以进行中间环节的训练，例如，模拟飞行中，无人机可以从空中悬停开始训练，而现实训练是从地面开始的，最后还要降落到地面，而且无人机模拟训练不怕“炸机”，可以随时重来，现实飞行训练不可以，所以必须要扎实地练习好起降科目。

任务目标

1）站姿和握控姿势正确，遵守操作规程或实训实习规程。

2）无人机起飞时离地干脆利落，爬升速度均匀，航线垂直。

3）起降之间无论加入悬停还是定高自旋等科目都必须按照相应的要求完成；无错舵现象，中间无明显的大幅修正动作。

4）无人机降落时速度均匀，航线垂直，落地干脆利落，接地要轻，不能硬着陆，落点要准确。

学习和训练内容

1）垂直上升，悬停，垂直下降模拟训练。

2）模拟起降训练。

模拟不是游戏，模拟的最终目标是回归现实，这是它区别于其他计算机网络游戏的最大特点。它只是把计算机和网络作为一种练习飞行操控技术的工具，而不是游戏。这种使用方法可以获得在真实运动中技术水平同步提高的实际效果，同时又具有有效降低风险、成本以及对环境的依赖等优势。通过前面的一系列模拟训练，离回归现实只有一步之遥，那就是起降训练，也就是说，完成了起降训练科目之后就可以去外场进行现实的无人机悬停训练。

一、无人机模拟起降训练

起降训练建立在悬停的基础之上，否则会造成失败，因为无人机在上升过程中可能会随时发生偏移，如果没有悬停的功底，肯定会失败。

练习过程：无人机由地面开始，飞至预定高度悬停，然后降落到地面，如图 2-2-22 所示。在起降训练中建议附带练习四位悬停和定高自旋，也就是无人机起飞和降落之间加入四位悬停和定高自旋的练习，如图 2-2-23 所示就是“起飞—定高自旋—降落”训练。

图 2-2-22 起降训练

图 2-2-23 “起飞—定高自旋—降落”训练

练习要求：起降平稳，上升、下降匀速，每次稳定悬停过程按照前面相应科目的要求，落地要轻，不能硬着陆，落点要准确，中间无明显的大幅修正动作。

练习难点：飞行器在上升和下降阶段由于受气流的影响，如果不操纵副翼和升降舵，只是单一地加减油门，这个上升和下降的轨迹就不会是垂直的，所以需要及时地修正飞行器姿态，这时的打杆时机、打杆方向和杆量大小是保证垂直的关键。

二、垂直上升，悬停，垂直下降模拟训练

在训练降落时觉得有难度的操作者，可以先训练“垂直上升—悬停—垂直下降”，如图 2-2-24 所示。

方法：飞行器由 1m 高度悬停开始，垂直上升至 4m 高度，转入悬停 2s 后转入垂直下降过程，在 1m 高度上停止下降并转入悬停。如此反复训练，达到效果之后再进行起降训练。

这样训练，可以有效降低无人机降落时“炸机”的风险，以“垂直上升—悬停—垂直下降”模拟训练作为过渡，有效提高降落的成功率。降落成功很重要，因为起飞、悬停、自旋等训练中如果出现短时间失控，只要能马上得到有效控制，一般不会“炸机”，但是降落过程中，如果出现失控就会马上“炸机”，高度越低补救的机会越少，尤其是接近地面的时候，一旦无人机出现较大幅度晃动就会使起落架在地面拖行而导致无人机倾覆，螺旋桨就会断裂，甚至会造成螺旋桨碎片伤人事故。

当然，说到这里肯定会有人马上反驳：“这是模拟，怎么能伤人？”没错，模拟不会

伤人，但模拟不是游戏，模拟的目的是为了回归现实，操作者应该把每一次模拟练习都当成实装飞行一样认真对待，否则回归现实之后很难改掉那种游戏心态，会造成更大的危险。

图 2-2-24 “垂直上升—悬停—垂直下降”训练

习题

1）为什么要先练悬停再练起降，简述你的理解？

2）多旋翼无人机的起飞是不是只控制油门杆就可以，为什么？

3）说说你对模拟练习的理解，你认为和游戏有什么异同？

4）模拟训练中的游戏心态会给现实中的飞行训练带来哪些危害，试举例说明？

5）这个科目是外场飞行训练之前的最后一个科目，说说你在技术上和心理上都做了哪些必要的准备，你认为还有什么不足？

任务 4　外场起降悬停训练

任务简介

模拟不是游戏，模拟的最终目标是回归现实，这是它区别于其他计算机游戏的最大特点。它只是把计算机和网络作为一种练习飞行操控技术的工具。这种使用方法可以获得在真实运动中技术水平同步提高的实际效果；所以在前面进行大量的模拟训练，目的是为了进行现实的真正的无人机训练，本任务就是真正的无人机飞行训练。任何训练都需要相应的训练条件，正如模拟飞行训练需要准备模拟软件等条件一样，无人机外场训练需要准备无人机、场地等训练条件，所以本任务不仅是学习无人机悬停，而且还要系统学习训练条件的准备及维护。

任务目标

1）正确使用动力电池。
2）正确准备无人机及其周边设备。
3）站姿和握控姿势正确，遵守操作规程或实训实习规程。
4）无人机起飞时离地干脆利落，爬升速度均匀，航线垂直。
5）飞行过程无错舵现象，中间无明显的大幅修正动作。
6）无人机降落时速度均匀，航线垂直，接地要轻，落点要准确。

学习和训练内容

1）飞前准备。
2）无人机起降训练。
3）无人机悬停训练。
4）设备保养维护。

一、飞前准备

1．准备训练机

(1) 训练机概述

无人机外场飞行训练的主要设备就是无人机，它是飞行训练的基础，也是主要的训练成本所在，所以在外场飞行训练之前，最主要的设备准备就是无人机的准备。无人机准备应该遵循经济性和安全性的原则，因为对于新手训练而言，容易“炸机”，这就涉及训练成本和飞行安全，所以训练机可以尽量小一些，材料便宜一些，这样坠毁成本低一些，而且由于无人机较小，所以用于训练的场地可以比较小，成本低，安全性高。

练习无人机飞行的人最起码都是无人机的爱好者，所以可以自己动手组装无人机来进行练习，尤其是在这个 DIY 盛行的时代，目前比较流行的也比较适合练习的四旋翼无人机较多，比较常见的例如，250 穿越机、F450 四旋翼无人机等。如图 2-2-25 所示是 250 穿越机及其机架；如图 2-2-26 所示是 F450 四旋翼无人机及其机架。

图 2-2-25　250 穿越机及其机架

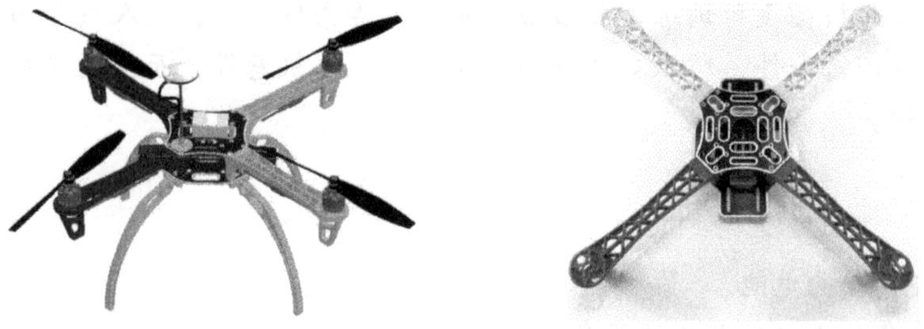

图 2-2-26　F450 四旋翼无人机及其机架

（2）训练机组成

在这里简单介绍两款练习用机的组成。

1）250 穿越机。250 穿越机的配件，如图 2-2-27 所示，具体配件清单见表 2-2-1。

表 2-2-1　250 穿越机配件清单（案例）

序　号	名　称	型　号	单　位	数　量	备　注
1	机架	250 轴距	个	1	
2	电机	2204-2300kV	个	4	
3	电调	20A	个	4	
4	电池	3S 1500mAh	个	若干	根据训练需求
5	螺旋桨	5045 正反桨	对	若干	属于易损件
6	飞控	F3	个	1	品牌可自选
7	分线板		块	1	
8	摄像头		个	1	第一视角飞行使用
9	图传		套	1	第一视角飞行使用
10	VR 眼镜		个	1	第一视角飞行使用

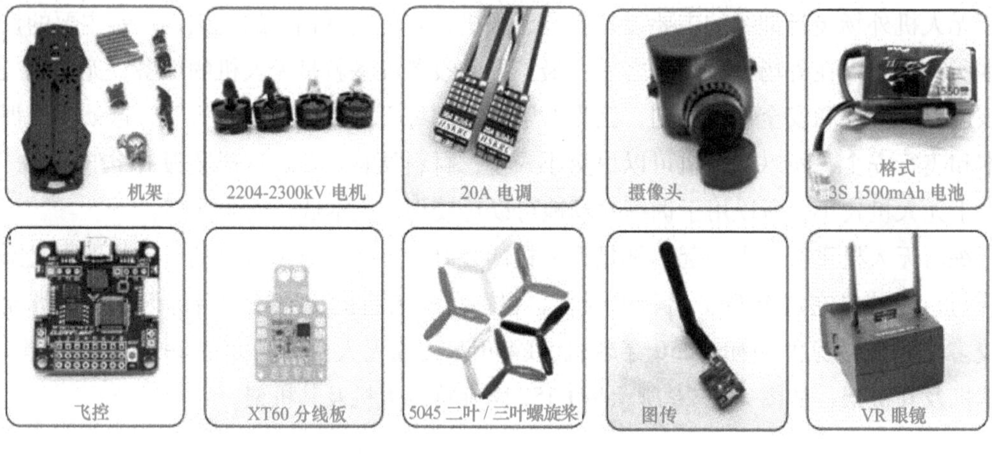

图 2-2-27　250 穿越机的配件

无人机的配置方案很多，这里只是一个案例，只是基本配置，操作者可以根据自己的预算和使用需求进行调整。

2）F450 四旋翼无人机。F450 是很多人进行四旋翼无人机 DIY 的首选机型，其一般配件清单见表 2-2-2，配件如图 2-2-28 所示。

表 2-2-2　F450 无人机配件清单（案例）

序　号	名　称	型　号	单　位	数　量	备　注
1	机架	450 轴距	个	1	
2	起落架		个	4	
3	电机	2212kV900	个	4	
4	螺旋桨	1050 正反桨	对	若干	属于易损件
5	电调	30A	对	4	
6	电池	3S 2600mAh	个	若干	根据训练需求
7	飞控	大疆或 PIX 等	个	1	品牌可自选
8	摄像头		个	1	第一视角飞行使用
9	图传		套	1	第一视角飞行使用
10	VR 眼镜		个	1	第一视角飞行使用

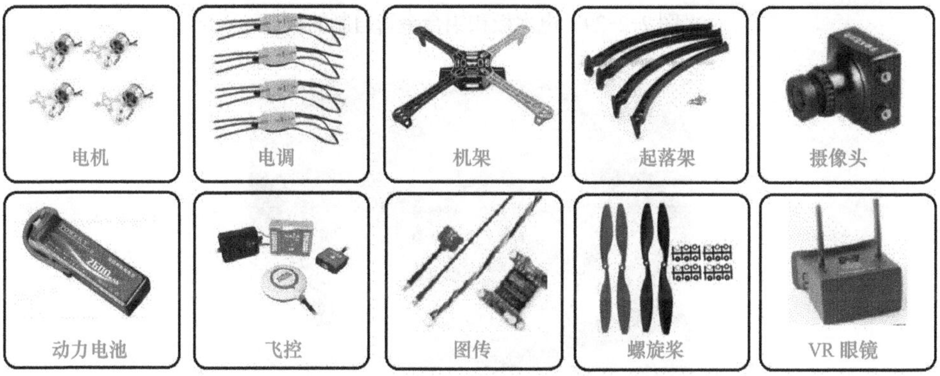

图 2-2-28　F450 无人机配件

F450 四旋翼无人机不适合用于第一视角的穿越机模式飞行，因为其布局追求稳定性，不适合大幅度的穿越机动，但作为稳定飞行的 FPV 还是比较适合的，所以也可以配置摄像头和眼镜进行第一视角飞行。

（3）自制机架

在飞行技术训练中，作为教练机会常常受到非正常着陆甚至是“炸机”的威胁，所以对于飞机的易损件的选用要注意其经济性，否则成本太高。

训练中最容易损坏的是螺旋桨和机架，螺旋桨的价格一般不太高，不过机架一般都不便宜，所以很多时候在训练场合可以选择自制机架，既可以降低成本，也可以提升动手能力。

1）自制轻型四旋翼无人机的机架。轻型四旋翼无人机的机架可以自制的部分比较多，例如，中心板、机臂、电机固定座以及起落架等部分，可以用废弃的玻璃钢、铝片等轻质材料加上手工自行加工而成。

中心板是机架的核心，用于固定 4 个悬臂，一般上面会有安装孔用于安装飞控板。中心板一般设计有两层，机臂通过中心板上的固定螺栓固定到两层中心板上。机臂的顶端有电机座固定螺孔和起落架固定螺孔。在购买电机的时候会附送电机座，通过螺钉将电机固定到电机座上，然后用螺钉将电机座固定到机臂上。用于练习的四旋翼无人机机架容易自制，没有特别高的要求，如图 2-2-29 所示，就是用电木板和铝合金管材进行 DIY 的四旋翼机架，结构简单，用于训练完全足够，还可以有很多自制方式，根据身边的情况就地取材进行自制，如图 2-2-30 所示就是极为精简的 DIY 机架，非常适合训练。

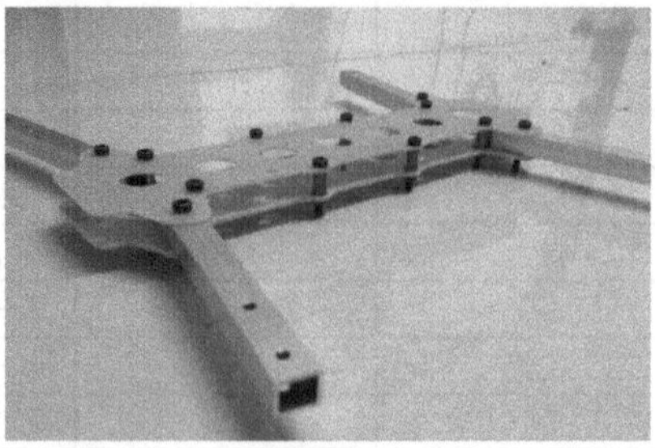

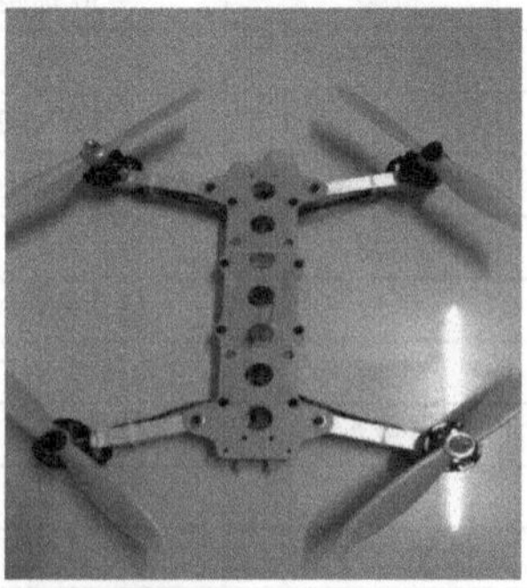

图 2-2-29　电木板和铝合金管自制的机架

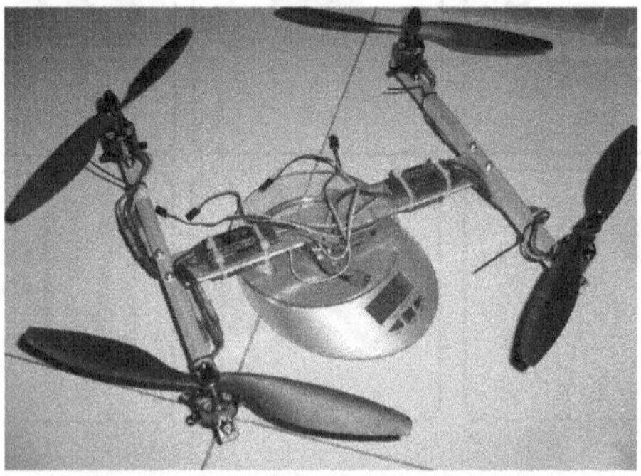

图 2-2-30　极简型 DIY 四旋翼机架

2）用 KT 板自制机架。自制机架所用的材料多种多样，KT 板是常见的自制机架材料。

KT 板是一种发泡板材，板材轻盈、不易变质、易于加工，而且价格非常便宜，在固定翼航模运动中，KT 板材料飞机屡见不鲜。一方面是因为飞机本身低速、重量轻、过载小的特点，另一方面也是由于 KT 板本身的强度基本符合飞行要求。在面积大、受力强的地方，需要用一到两根 3 ～ 6mm 直径的玻璃纤维杆或碳纤维杆加强，这样的组合，使强度和重量有了很好的配比和平衡。

四旋翼无人机在飞行过程中不会像固定翼航模那样有较高的速度、较大的过载，但由于结构的特殊性，四旋翼无人机自身的重量比固定翼航模稍重，在使用 KT 板材料作主体的同时，使用玻璃纤维杆来加强，理论上能承受住飞行时电机的拉力、飞机自身的重力以及飞机过载就可以了。因此，使用这种 KT 板加玻璃纤维杆的组合来替代普通机架是可行的，而且成本比较低廉，比较适合用于练习。

使用 KT 板材料自制机架主体时，需要经过机架设计与机架制作两个步骤：

第一步：设计机架。

在 AutoCAD 软件中参照市场上销售的普通机架，画出适合 KT 板机架的零件设计图。其中，每个机臂使用 KT 板，其中间用玻璃纤维杆或碳纤维杆进行加强，当然要能够利用结构设计的方法来尽量解决 KT 板强度和刚度不足的问题，尽量减少加强材料的使用，这样才能达到尽量降低无人机重量和成本的目的。中心板可以使用轻木板，分上下两层以提高其刚度，使用热熔胶和尼龙扎带连接机臂，一般为不可拆卸式。为了制作精确，可使用激光切割机加工，制出 KT 板四旋翼无人机机架所需零件。

第二步：制作机架。

KT 板与 KT 板之间、KT 板与玻璃纤维杆之间、KT 板与中心板之间主要使用热熔胶粘接，强度符合要求。两层中心板之间夹玻璃纤维杆，用尼龙扎带扎紧，上热熔胶固定。

用 KT 板自制的机架承载能力较小，只适合小载重、低过载的四旋翼无人机。

2. 准备动力电池

无人机动力电池是无人机动力系统中存储并释放能量的部分。无人机使用的动力电池，大多数是锂聚合物电池。相比其他电池，锂聚合物电池具有较高的能量密度，同时也具有良好的放电特性。

目前小型多旋翼无人机一般总电流不会超过 100A，选择 10 ～ 30C 放电能力的锂电池都可满足普通训练需要，当然，对于激烈的穿越飞行，则需要选用放电倍率更高的电池。

同时，需要注意的是，市面上杂牌动力电池的虚标、掉电压、虚焊等问题严重。尽量选择知名厂家的优质电池，避免空中掉电压、接触不良等问题导致摔机造成更大损失。

如果飞行器需要携带较重的云台、相机或者其他数据采集设备，则最好选择能满足动力电流需要的高密度轻量化电池，更可考虑双电源输入，双重保险，确保安全。

动力电池由于放电能力比较强，所以带有危险性，要做到安全使用，必须在使用动力电池之前认真了解以下几方面的内容，这是电池使用前最重要的准备。

（1）电池参数

如图 2-2-31 所示是某型无人机的动力电池，电池参数是 3S1P 1800mAh 20C。这些参数的含义是：

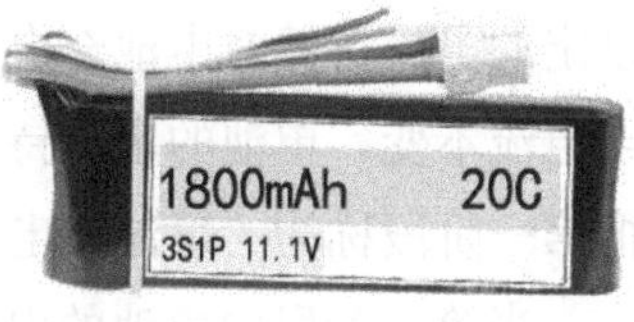

图 2-2-31 无人机电池

“1800mAh”表示电池容量为 1800mAh。锂电池容量的定义：温度为 25℃时，以 0.2C 恒流放电，电压从 4.20V 降到 2.75V，所能放出的电量即为该电池的容量。

“C”表示电池倍率，电池倍率也叫“C 数”。有放电倍率和充电倍率之分。充放电倍率 = 充放电电流 / 电池容量，例如，这个电池是 1800mAh 20C（放电倍率），说明这个电池能承受的最大持续放电电流为 1800mA 的 20 倍，即为 36A。

“S”是英文单词“series（串联）”的第一个字母，3S 表示 3 片电芯串联，同理，4S 就是 4 片电芯串联，以此类推。

“P”是英文单词“parallel（并联）”的第一个字母，1P 表示 1 组电芯，同理，2P 就是 2 组电芯并联，以此类推。

(2) 关于电压

1）最高充电电压。4.20V 一直以来是锂聚合物电池的最高充电电压，但随着技术的发展和改良，目前有部分锂聚合物电池能安全到达 4.25V，更有个别厂家能做到 4.30V。

目前充电器基本上都是 4.20V 的设定电压，所以按照 4.20V 的设定电压进行充电就可以了。不要用其他方式自行调高充电电压，否则会造成电池不可逆转的损坏。

2）电池保存电压。电池的保存非常重要，保存不当会损坏电池，甚至会造成危险，如果较长一段时间不使用，务必让电池电压处于 3.8V 进行保存，将电池用平衡充电器进行放电，设置电压为 3.8V。

3）最低放电电压。最低放电电压为 2.75V。3.7V 是标称电压，目前锂聚合物电池都能安全放电到 2.75V，不会对电池造成寿命影响。但是，平时都是放电到 3.7V 左右。我们首先来了解一下某型号动力电池的电压和电量的大概对应为：2.75V 约对应 0% 电量；3.70V 约对应 10% 电量；3.85V 约对应 50% 电量。在电池工作状态下，放电电流较大，从 3.7V 到 2.75V 也许只需要几秒钟，所以不建议在飞行中让电池接近 2.75V，否则一不小心就造成过放电，损坏电池。

(3) 充电方式

在外场飞行训练之前，要保证电池有充足的电量。通常情况下，为锂电池充电使用平衡充电器，如图 2-2-32 所示，是常用的 A9 平衡充电器。平衡充电器自带的智能充电系统会自动调节电池各个电芯的充电电流，使得各电芯之间能最大限度地保持一致性。电池的充电分为两个阶段：第一阶段充电器将会按照人工设定的电流持续对电池充电。在此阶段中，充电电流不变，电池的电压持续增加，因此我们把第一阶段称为“恒流充电”。

图 2-2-32　A9 平衡充电器

当第一阶段中电池的电压达到设定值时，充电进入第二阶段。此时电池的电压虽然已经达到设定值，但并不代表电量已经充满。充电器会继续对电池充电，在此过程中，电池的电压不变，充电电流持续降低，因此把这一阶段称作“恒压充电”。当第二阶段中充电电流降低到设定值时，充电完成。

3．准备场地

(1) 尽量避开干扰隐患区域

因为目前阶段民用多旋翼控制器陀螺仪精度较差，定点悬停的实现，各个厂家都采用了相对简单的 GNSS+ 地磁罗盘数据融合的方式，且地磁极易受干扰，金属物体接近、大功率无线电设备（如手机信号基站等）、矿物山体、建筑物等都可能对地磁产生严重干扰，从而产生飞行偏航、失控返航等故障。

因此，存在干扰隐患的区域应尽量避开，或只采用姿态模式飞行，且更换场地后如果使用导航系统，需要在起飞前完成地磁校准。

（2）选择空旷的飞行场地

为了避免发生意外伤害事故，一定要找一处十分空旷并且没有人群活动的场所。外场飞行首先应熟悉场地环境，避开高压线和高大建筑，避开有强干扰的无线电电波，避开军事重地和国家机要机关部门等禁飞区域。进一步确认气象条件，例如，风速、风向等，有条件的最好插一个风向袋。不要在雾霾严重能见度差的天气飞行，不要在雷雨天飞行，选择舒适的操纵地点，尽量不迎着太阳光飞行。

图 2-2-33 无人机室内训练场地

（3）带安全网的封闭场地

如果不具备选择空旷场地的条件，尤其是在城区很难找到适合训练的场地，那就找一块场地（如网球场），周围布置尼龙的安全网进行封闭管理，这种场地在室内布置更好，不受天气条件影响，如图 2-2-33 所示。

4. 安全操作规程

1）遥控器上务必设置“油门锁”。要让操作者养成无人机上电之前确认油门是被锁住的好习惯。无人机就位，临起飞时，再打开油门锁。无人机一落地立即把油门锁住，防止走动过程中误触碰油门摇杆，导致电机转动伤人。

2）给无人机上电前，认真确认当前无人机与操作者遥控器所选模型相对应。

3）给无人机上电时，操作者不要把遥控器挂在胸前或立着放在地上，防止误碰油门摇杆。

4）起飞前最好先试试各个舵面方向反应是否正确，无人机不能带病（如机身不正、舵机乱响等）飞行。

5）充电时，充电器不可以放在易燃物体（如木板、塑胶板）上面或附近进行充电。充电器应该在有人看护的条件下充电。

6）动力电池的运输不可大意，必须要用防爆箱进行装运。

7）给无人机上电时，确认电池电量是充足的，而且最好配置电压报警器，随时检查电压。

8）手拿无人机时，手握无人机的位置必须避开桨叶转动可以接触到的范围。

9）拿到刚刚降落的无人机，即便是锁了油门锁，第一件事也是要立即断开电源，要养成好习惯。

10）在任何情况下，飞任何机型，操作者都不要试图用手接住正在降落的无人机。

11）一定要先开遥控器，再给无人机上电。防止因设置过失控保护电机突然启动或者其他意外原因导致电机启动。

12）调试无人机的电子设备（包括设置遥控器、电调）时，必须取下螺旋桨。如果实在不方便取下螺旋桨，一定要对无人机进行安全有效的固定，而且注意不要让桨的前面和正侧面有人，以防电机突然转动，造成事故。

13）不要在人群上空飞行。也不能对着人、车，甚至猫、狗等动物降落。

14）无论如何也要让看飞行的人站在操作者的后面。操作者要选择背对阳光的方向飞行。禁止操控无人机飞到操作者的身后，更不能以操作者为圆心转圈飞行。

15）尽量不要在飞场进行遥控器和接收机的对频。经常有人把接收机对到别人遥控器上，出现电机突然启动的情景。

总之，安全无小事。请务必增强安全意识，养成安全飞行的好习惯。

5．无人机飞前测试

不管是长时间没有飞行的无人机还是新组装的无人机，启动之前一定要注意安全，尤其是新手，必须要遵循安全的启动步骤，而且切记要在专业人员的指导之下完成。

（1）卸掉螺旋桨

对于长期没有飞行或者刚组装完成的无人机，为了避免无人机的不正常启动造成的危险，要求在测试启动之前一定要将螺旋桨全部卸掉。

（2）确定重心

将无人机全部组装完成，包括电池的安装，然后测试无人机的重心，要保证无人机的重心在通过四个电机轴心的圆的圆心上，垂直方向上重心应该在无人机的螺旋桨的旋转平面之下，如图 2-2-34 所示。

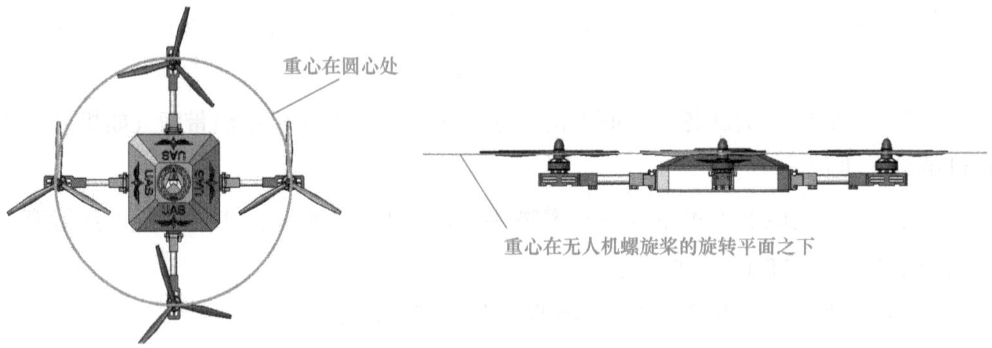

图 2-2-34　无人机重心位置

（3）上电自检

先打开遥控器发射机的电源，保证发射机的油门杆处于最低，将发射机平放在平整稳固的水平面上（如平地上），放置平稳。禁止将发射机垂直放置，避免风吹或者其他原因导致发射机倾覆而导致误操作（如触碰操纵杆引发电机意外启动，造成人员伤亡）。

将无人机水平放置，然后给无人机上电，4 个电机会连续发出 3 次短促的“滴”声，表示检测到动力电池为 3S（4S 电池则发出 4 次“滴”声，以此类推），再发出一长声“滴”表示自检完毕。

（4）电机测试

无人机自检完毕之后，启动无人机。要启动无人机需要对无人机进行解锁，解锁方式要根据操作者自己的习惯以及飞控系统的功能进行设置，有的飞控系统只能设置为单键解锁（如 F4 飞控就是单键解锁方式，通过一个开关通道进行解锁），有的飞控系统还可以设置为用操作杆“内八字”或“外八字”掰杆解锁（如大疆 lite 飞控就是掰杆解锁方式），如图 2-2-35 所示。有的飞控可以设置多种解锁方式，根据操作者习惯进行设置即可。

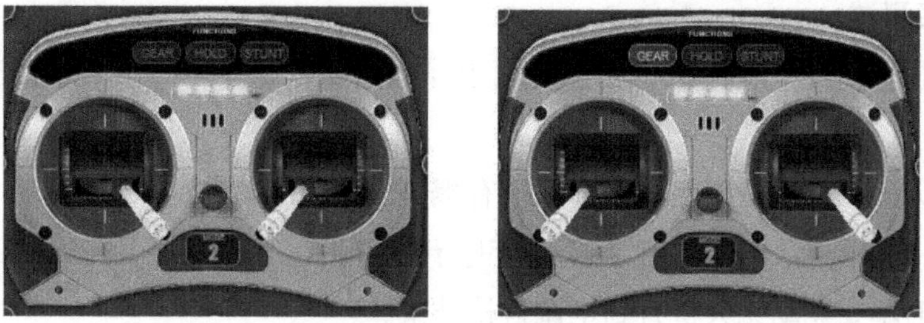

图 2-2-35　掰杆解锁方式

解锁之后，轻推油门杆检查四个电机的转向是否正确（如飞控调参软件提供电机测试功能，则应逐个电机测试是否轴位正确，转向相符；如飞控测试软件没有此功能那就使用柔软材质的物体轻轻接触旋转的电机来观察电机转向，注意禁止安装螺旋桨），查阅飞控说明书，一般电机的转向，如图 2-2-36 所示（大疆 lite 飞控参数），如果不正确，就要改变电机的通电相序以改变电机转向。

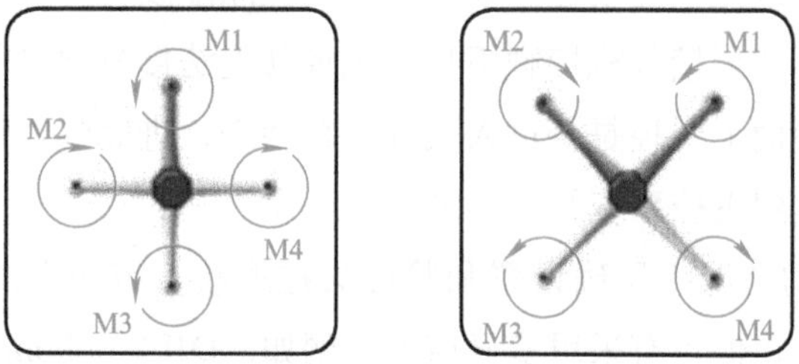

图 2-2-36　电机转向

转向测试正确之后，再启动无人机，用转速仪测试电机转速，在方向、副翼和升降三个通道回中的情况下四个电机的转速应该基本相同，否则，那就需要对电子调速器（电调）重新进行行程设置，在有条件和基础的情况下，尽量制作与轴数相同的信号并连线，同时对所有电调进行油门行程校正。校正后，使用遥控器的油门微调进行“逐加”调节，直到所有电机同时运转，再逐减油门“逐减”调节，直到所有电机同时停止，以此验证每个电机的油门行程都精确一致。

注意：在逐个给电调进行校正油门行程的情况下，有可能会出现其中某个或多个电机启动不一致的情况，需重新校准油门行程，直到所有电机同步启动和停止。如果已连接飞控，则需手动模式启动，同样验证是否所有电机启停一致。

（5）关闭电源

经过上述测试和调试之后，关闭无人机的电源，注意拔电源的方法，要抓住电源插头，不能直接抓住电源线，否则容易导致电源线断裂，如果短路会造成燃烧或者爆炸的危险。

（6）安装螺旋桨

安装螺旋桨，根据电机转向来选择螺旋桨的旋向，安装螺旋桨不能错误。

（7）带桨测试

1）面向机尾将无人机平放在水平地面上，遥控器电源开启，水平放置于地面，油门拉至最低。

2）检查无人机外观是否完好，确保没有螺钉松动、脱落等。

3）清场，保证无人机周围有足够安全飞行的空间。

4）通电时不要晃动无人机直到电调自检结束。

5）解锁无人机。

6）轻推油门观察 4 个电机转向和转速是否正确（注意安全）。

7）保持低油门使无人机不离开地面，轻微控制副翼和升降通道，观察无人机的动作趋势是否正确（注意安全）。

8）正确之后，推油门起飞，测试无人机飞行是否正常。

（8）失控设置

失控触发通道的接线尤其需要注意要牢靠，飞控原配线材一般质量不错，安装后打胶能保证可靠连接。因为如果接收机接触不良，飞控就无法接收到接收机的失控保护输出，那就只有摔机。目前市面上飞控是否进入失控保护状态，进而触发返航，大部分建立在接收机失控信号稳定输出到飞控系统的基础之上的。

在未安装螺旋桨的情况下正确设置和验证失控返航。市面上流行的飞控触发失控返航，以单通道触发为多，但也有采用多通道的。例如，DJI Wookong-M 需要油门通道 15% 以上，且飞控 U 通道设置为特定舵量触发，因此需要两个通道正确设置失控返航。设置后通过调参软件可在地面验证设置是否正确。

（9）试飞测温

试飞最好选择无风天气，尽量选择姿态模式进行测试飞行，在测试完成之前尽量避免使用 GPS 模式试飞。试飞时间需要根据动力配置和载重而定，约达到飞行总时长 50% 后降落（设定电压报警器为每个锂电电芯达到 3.9V 报警并降落），马上使用非接触式测温计对每个电机进行测温并记录，每个电机温度偏差应在 10% 以内。如果有较大偏差，则需单独检查电机情况，并测试螺旋桨是否平衡、螺旋桨座是否打滑等。

经过以上测试步骤之后，无人机即可用于飞行训练。

二、起降训练

经过一系列的飞前准备工作，就可以带着设备进行外场训练，首先进行起降训练，因为外场飞行不像模拟训练，不能从中间环节开始（除非有教练带飞），只要是操作者独自训练，所有的科目都是从起飞开始，所以多旋翼无人机的外场飞行训练的第一个科目就是起降训练。

如果初学者自己独自练习应该具备以下条件，否则成本太高而且危险性较大。

第一，用小轴距、超轻型无人机，而且无人机是经过专业人员调试好的。

第二，具备良好、安全的训练场地。

第三，具备扎实的模拟飞行训练基础。

第四，要有正确对待外场飞行的心态，模拟飞行的每次坠毁都几乎没有什么成本消耗和危险，随时可以重来，而现实飞行却不是，所以要非常谨慎、认真地对待每一次飞行。

具备这些条件之后就可以进行练习，本任务是起降训练，方法在前面的模拟训练中已经介绍得很详细了，在这里不再赘述，需要再次强调的是现实飞行不同于模拟训练，要认真对待，要注意安全。

图 2-2-37　常用电压报警器 BB 响

训练过程中要随时关注电池电量，禁止电池过放，可以把电压报警器插在电池的平衡插口，设置好报警电压，如图 2-2-37 所示就是常用的电源报警器（俗称 BB 响），精度一般，但是常规使用足够了。

如果在训练中发生无人机硬着陆或者无人机倾覆等情况，要及时更换受伤的螺旋桨，及时修复损坏的部位，禁止无人机“带病”起飞。

训练要达到以下标准：起飞平稳，离地干脆，上升和下降速度适中，没有明显的晃动，降落接地柔和，不发生硬着陆，落点要准确，中间无明显的大幅修正动作。

三、悬停训练

以无人机起降训练为基础，来练习无人机悬停，起降一定要练习得很熟练，悬停训练还是和模拟飞行训练一样，从对尾悬停训练开始，然后通过练习“斜侧位”对尾悬停作为过渡来训练对侧悬停，通过“斜侧位”对头悬停作为过渡来训练对头悬停。

训练方法和技巧在模拟训练中已经有详细介绍，训练前认真参看，还是用模拟训练的方法，只是外场飞行没办法从中间开始，每个训练都是从起飞开始，降落结束。

一般悬停训练步骤，如图 2-2-38 所示，先训练“对尾悬停”，练习熟练之后，训练“斜侧位对尾悬停”，可以逐渐增加角度，过渡到“对侧悬停”，通过训练“左斜侧位”对尾悬停过渡到对左侧悬停，通过训练“右斜侧位”对尾悬停过渡到对右侧悬停，“对侧悬停”训练熟练之后，通过训练“斜侧位对头悬停”训练过渡到“对头悬停”。

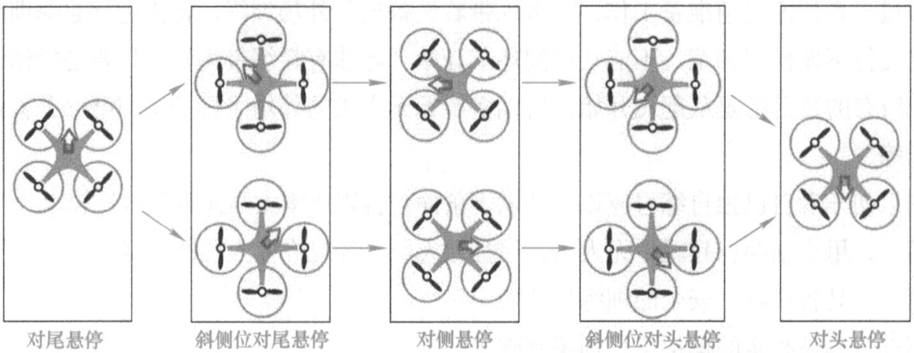

图 2-2-38　悬停训练步骤

四、定高自转一周训练

定高自转一周也叫定高自旋，一般先训练四位悬停（或者八位悬停），所谓四位悬停就是无人机升空后，在预定高度对尾悬停 2s，然后原地旋转 90° 悬停 2s，每次悬停 2s 后原地转 90°（顺时针、逆时针均可），直至完成四个方位的悬停；八位悬停就是每旋转 45° 悬停 2s，过程和四位悬停类似。

其实四位悬停（或者八位悬停）和定高自旋基本属于一个科目，四位悬停（或者八位悬停）是定高自旋的基础，定高自旋相当于中间不停顿的四位悬停（或者八位悬停），但操作难度更大些。

定高自旋就是无人机起飞在预定高度悬停，然后绕无人机纵轴旋转一周 360°（左转、右转均可），然后平稳降落。要求旋转时高度不变，旋转过程中机体无明显偏移，停止时角度正确，无提前或滞后现象，旋转速率均匀（一般 90°/s），整个过程中无错舵现象发生。

具体训练方法在模拟飞行的对应内容有详细介绍，这里不再赘述，请自行查阅。

习题

1）你认为适合新手训练的多旋翼无人机应该具备哪些特点？

2）简述多旋翼无人机的组成。

3）在训练中无人机的哪些配件容易损坏，如何减少损坏几率？

4）自制机架有何优缺点，简述你的看法。

5）KT 板价格便宜，但强度和刚度较差，你认为用其设计制作机架要怎么做才能有效提高强度和刚度，试着设计一个。

6）动力电池上的“35C”是什么含义？

7）动力电池上的“3S2P”是什么含义？

8）什么是平衡充电器，无人机电池为什么要使用平衡充电器来充电？

9）多旋翼无人机的训练场地有什么要求，你认为固定翼无人机的训练场地是什么样的？

10）口述无人机飞行的安全规程。

11）无人机飞前测试为什么要卸掉螺旋桨，还有其他安全测试方法吗？

12）如果在测试中发现某电机的转向不对，应该怎么解决？

13）通过对外场飞行的准备训练，你认为哪些环节至关重要？

14）通过对外场飞行的训练，你认为和模拟训练有哪些异同？

任务5 无人机飞后检修

任务简介

无人机进行飞行训练，如果发生硬着陆或者摔机等问题，或者达到一定的起落次数之后，需要及时对无人机进行检修，以保证后续飞行的安全，当然，最好是每次训练之前都作相应的检修。记住，飞行无小事，在飞行中安全高于一切，而及时检修是保障飞行安全的一道重要防线。

所以本任务是对无人机的飞后检修进行系统介绍，以供参考。

任务目标

1）掌握无人机检测技能。

2）掌握无人机维护维修技能。

学习和训练内容

1）查看外观。

2）动手检查。

3）闻声检查。

4）综合测试。

一、查看外观

1）整体查看无人机的外观机架是否歪斜或者破损。

2）桨面是否有瑕疵、磨损、断裂或者裂痕。

3）电机是否歪斜，电机及其内线是否有熔断，是否有异物残存。

4）电调外包装是否完整，是否有破裂，是否有烧焦痕迹。

5）飞控连接线是否整齐有序，连接线是否有合理布局，有无异类线色。

6）飞控安装是否水平，是否有熔断、烧焦、元器件焊接凸起等；各个焊接点是否有断裂、变形等。

7）遥控接收机天线是否有裂痕，接收机接线是否整齐，是否有异类线色。

8）电调接线板是否有焊接松动，甚至是接线毛刺、灰尘，都要及时清除。

9）对所有接线处，例如，插针、香蕉头、T 形插头等处，检查是否有拉伸痕迹，是否有熔化等现象。

二、动手检查

1）检查时用手轻轻地拨动或者拉伸，要用测试力，避免用力过大损坏无人机部件。

2）轻轻用手晃动机架，用手掰动相邻的两个臂，检查是否有松动。

3）如果有起落架，请晃动起落架是否松动，把带起落架的整体机架放到平整的地面，检查是否有歪斜情况。

4）用手抚摸桨面的各个部分，检查桨面是否有明纹裂痕。

5）手握住电机所在的机臂，然后轻轻晃动螺旋桨桨座或者子弹头，看整体是否有松动。

6）检查各个螺钉，看是否有松动。

7）检查各处连接线是否牢固、可靠。

8）手指握住飞控板侧面，轻轻晃动，检查飞控是否固定可靠；电调接线板（或中心板）上的线，都要检查是否有松动。

9）检查接收机的插针是否有松动。

三、闻声检查

1）握住机架相邻两个机臂掰动，听听是否有声音异常。

2）用手将桨叶弯曲一定角度（不宜太大，以免损坏螺旋桨），然手迅速松手，听声音，一般若无内伤或者外伤裂痕，听起来声音厚实有力，弹性十足。

3）用手转动一下电机，听听声音是否有异常，可检查电机润滑情况以及是否有异物。

四、综合测试

1）飞行训练完成之后，关闭电源，立刻检查电机、电调、分电板、电池线等处，看看温度是否偏高。

2）如果电池接线温度偏高，那么就是硅胶线负载不了如此大的电流，需要及时更换。

3）如果电机、电调温度偏高，是负荷偏大或者是飞行时动作过于激烈。

4）电调电机接线处温度偏高，建议检查是否有虚焊，及时解决避免更大损失。

5）开机后，电调123声音是否一致，如果听到有某个声音短缺，及时检查线路接线。

6）开机后，某个电机出现重复或者断续的123声音，属于接触不良造成的，一般是焊接处松动或者有虚焊。

7）飞控单独供电，检查是否有异常、指示灯是否按照飞控使用说明书正确闪亮。

8）卸掉螺旋桨，将电调的数据线分别接到接收机油门通道，轻推油门听声音，检查是否有明显反应慢甚至是声音异常等问题。

习题

1）你认为无人机飞后检查有什么必要性？

2）飞行训练之后电机温度偏高一般是什么原因？

3）螺旋桨有轻微损坏，你认为该怎么处理才能既经济又安全？

4）电机、电调温度偏高是什么原因？

5）谈谈你对无人机飞后检查的体会。

项目3 无人机航线飞行训练

本项目是航线飞行训练，是前面所介绍的基本训练科目的系统组合。在本书前面的内容中，对每一个基础训练科目都进行了非常详细的介绍，很多内容甚至作了详细的原理分析，从而帮助操作者更快地达到训练标准。因此，本项目作为综合性的航线训练科目，对篇幅做了精简。

如果还没有达到前面基本科目的训练标准，建议操作者返回前面的相应内容完成训练目标。

任务1 小航线飞行训练

任务简介

小航线飞行训练是四位悬停过关后首先应进行飞行训练的科目，是所有航线飞行的基础。其训练过程是：无人机升空到达预定高度后，使用方向舵进行转弯，不用或尽量少用副翼转弯，顺时针（或逆时针）完成一个闭合运动场型航线。

任务目标

1）直线飞行时控制好航线的笔直。

2）转弯飞行时保持左右转弯半径一致。

3）保持速度一致、高度一致。

学习和训练内容

1）小航线训练说明。

2）小航线训练方法。

一、训练说明

小航线飞行是四位悬停过关后首先应进行的科目，这是所有航线飞行的基础。无人机升空后，使用方向舵进行转弯，不用或尽量少用副翼转弯，顺时针（或逆时针）完成一个闭合运动场型航线。如图 2-3-1 所示是顺时针的小航线飞行训练。这里强调一下，顺时针小航线和逆时针小航线都要飞行熟练。虽然对大多数人来说，一个方向的航线飞行较为习惯，但双向的熟练航线对于后面的其他科目来说是至关重要的，例如，水平“8”字航线训练就同时需要顺时针和逆时针的飞行基础。

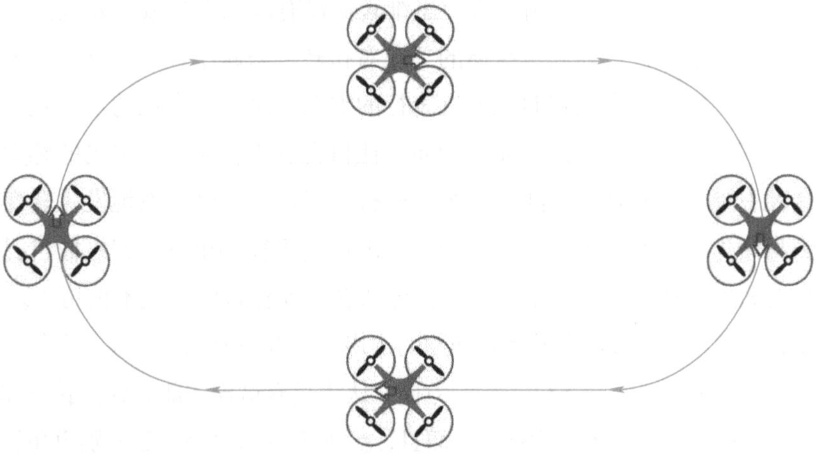

图 2-3-1 顺时针小航线飞行训练

二、训练方法

对于一个四位悬停（对尾、两个侧位、对头）已经熟练的操作者来说，会发现小航线飞行是非常简单的。相反，如果四位悬停并没有真正过关，那么即便是小航线飞行也是一种挑战。同理，小航线飞行虽然不难但却不容忽视，四位悬停之于小航线正如小航线之于其他航线，所以必须要扎实练好，才能轻松应对后续的飞行训练。

刚开始进行小航线飞行的窍门在于，一定要注意控制无人机前进的速度，过快的前行速度会给操作者的小航线飞行带来意想不到的困难。转弯时应控制适当的转向速度，避免转弯半径过小，缓慢有节奏地转向才是正确的做法，在四位悬停和定高自旋已经熟练的情况下，小航线飞行并不困难，但要注意，请按照高标准的规格进行小航线飞行练习，不要忍不住到处乱飞，放任无人机随意飞行，这样的操作者不会有操控水平上的进步，更谈不上“飞行技术”4 个字，很难成为合格的无人机驾驶员。

动作标准：直线飞行时控制好航线的笔直，转弯飞行时控制好左右转弯半径一致。在整个航线飞行过程中应尽量保持速度一致、高度一致。

特别要提醒，这里用的是像轴距 250、450 这样的小无人机进行训练，很多操作者喜欢把无人机飞行很低，在视线高度以下进行飞行，带有俯视的角度。如果这样形成习惯了，到后面训练像八旋翼那样较大的无人机时，无人机就会飞得比较高（因为无人机较大，高度低了很容易坠机），这时候视觉高度就会发生变化，飞行操控就会产生困难。所以从小航线开始（悬停开始更好）务必养成习惯，让无人机在视线高度飞行，为后面八旋翼飞行打好基础。

训练技巧：这是第一次进行航线训练，虽说用前面所学的控制方法就可以控制，但是和前面的定点飞行不同，不再是在一个点上飞行，而是在一条航线上飞行，无人机的位置不断地发生变化。所以在训练中会出现一个新的难题，就是在无人机的位置移动过程中操作者的方位思维没有同步，往往会由于方位思维转换没有跟上而导致无人机失控。

所以在航线训练之初，可以利用身体的“左右扭转”来减小训练难度，如图 2-3-2 所示，适当扭转身体，使身体大致朝向无人机飞行的方向，这样，自己的左右就能和无人机的左右保持一致了。通过调整自己身体的朝向，让自己有坐在无人机里飞的感觉。这样，就可以加速这种思维方式的转变。随着训练的进行，思维方式会自然地发生转变，由开始时总以自己的身体为左右参照中心，逐渐变为考虑让飞机往哪里飞，就好像自己坐在飞机里而不是站在地面上一样。等到这个时候，身体扭转的动作自然也就不再用了。

不过要注意，扭转身体只是为了起到辅助的作用，千万不要把它当成一个任务来完成。用不着努力去让自己精确地面向飞机飞行的方向，认为只有这样才能起到扭转身体应起的作用。其实只要稍稍转一点儿，效果就有了。而且，当训练达到效果之后就别再扭转身体了。

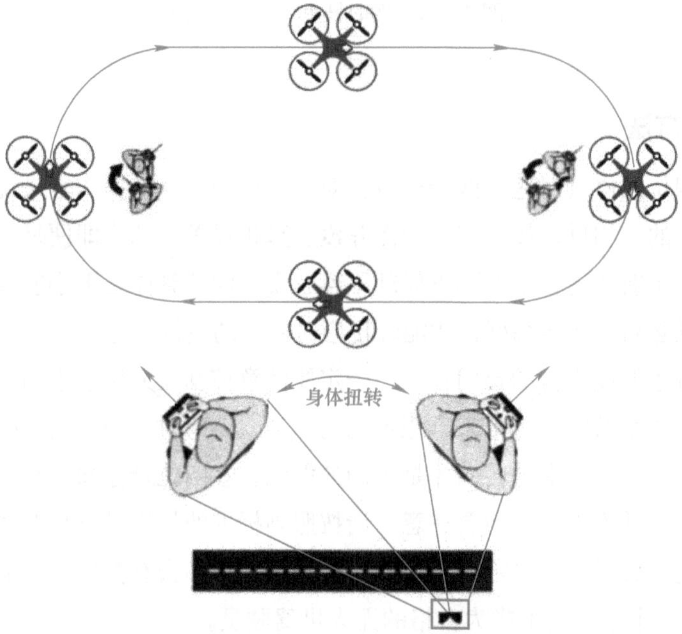

图 2-3-2　利用“身体扭转”来减小训练难度

习题

1）简述小航线飞行的动作标准。

2）简述你对小航线飞行训练的体会。

3）你认为前面科目中的哪些飞行技术用到了小航线飞行训练，简要说明?

4）首次从定点飞行训练到航线飞行训练，你觉得哪些难点不容易突破?

任务2 8字航线飞行训练

任务简介

8字航线飞行，是使航线飞行进一步熟练的阶梯，用以培养操作者在任意方向上对航线飞行的操控能力。8字航线飞行可实现在一个航线内同时练习到顺时针和逆时针的转向操作技能，能够在较大程度上提升操作者的航线飞行熟练程度。

无人机升空到达预定高度后，使用方向舵进行转弯，不用或尽量少用副翼转弯，在水平方向上，顺时针（或逆时针）完成一个8字航线。8字航线飞行能帮助操作者进一步熟悉航线飞行的空中方位和手感，对于一个全面的无人机驾驶员来说至关重要。

任务目标

1）保持速度一致、高度一致。

2）左右转弯半径一致。

3）转弯坡度一致，并将8字交叉点放在操作者的正前方。

学习和训练内容

1）8字航线训练说明。

2）8字航线训练方法。

一、训练说明

无人机升空到达预定高度后，使用方向舵进行转弯，不用或尽量少用副翼转弯，在水平方向上，顺时针（或逆时针）完成一个8字航线，如图2-3-3所示。8字航线飞行能帮助操作者进一步熟悉航线飞行的空中方位和手感，对于一个全面的无人机驾驶员来说至关重要。

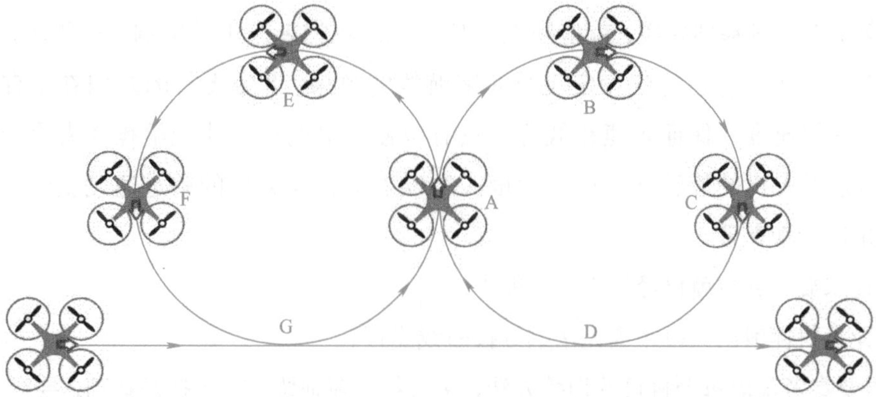

图2-3-3 8字航线飞行训练

二、训练方法

8 字航线飞行能帮助操作者进一步熟悉航线飞行的空中方位和手感，对于一个全面的无人机驾驶员来说至关重要。如果操作者已经将顺时针、逆时针小航线飞行都掌握得很熟练了，那么 8 字航线飞行对操作者来说就会在训练中水到渠成。如果在实际飞行中，仍然感到 8 字航线飞行较为困难，即说明操作者的顺时针、逆时针小航线飞行甚至四位悬停仍然没有真正过关。

8 字航线飞行可以在很大程度上培养操作者在航线中对无人机方位感的适应性，又能在一个航线中将向左转弯和向右转弯同时进行训练，是无人机航线飞行的必练科目。

动作标准：尽量维持 8 字航线的速度一致、高度一致、左右转弯半径一致、转弯坡度一致，并将 8 字交叉点放在操作者的正前方。

训练难点：刚开始练习时可能存在一个方向的转弯比较顺手，另一个方向却比较难，这样就会使无人机进入侧滑状态，加重操作者紧张情绪而不能正确及时地反应，使动作失准。另外，进入转弯时升降舵、副翼和油门的配合不熟练会使无人机转弯时进入爬行状态或者转弯完成时飞行速度降低很多，所以水平 8 字是需要各舵面和油门相配合完成的，各舵面和油门的配合合理性决定水平 8 字完成的准确度。

训练方法：在 8 字飞行中，需要升降舵、油门、方向舵和副翼四个通道之间的协调控制，对操作者的操控技术有很高的要求。

在训练中可以采取分段化练习的方式。从 A 点到 B 点的过程中，就是四位悬停中对尾旋停到对右侧悬停的过程，再加上推升降舵，使无人机匀速往前飞行并顺时针转弯，简单概括为匀速旋转加推升降，如果无人机旋转速度和前进速度不协调导致无人机没有按 8 字航线飞行时还需要打副翼纠正，保证无人机在飞到 B 点时能准确处于对侧位置。同理，在剩下的每段航点间的飞行中都可以这样进行分解操作，但是无人机方位的变化加上操作者观察无人机视线的变化，会给飞行操作造成一定的干扰，只要四位悬停和小航线基础扎实，就能降低方位变化对操控者产生的影响，只要加强练习，就能熟练协调四个舵位达到稳定飞行 8 字航线的效果。8 字飞行的窍门在于注意控制无人机前进的速度，保证匀速和低速，只有缓慢前进的速度才能给操作者充分的反应时间去调整无人机的旋转速度以及角度。所以不能让无人机的前进速度变快，否则将会出现如下两种情况：

1）还未旋转到位就已经到下一个航点。

2）无人机侧滑出大段距离无法继续按航线飞行。

所以要参考前面每个科目的训练方法，多总结、多训练，扎实打好基础，要循序渐进，不要好高骛远，飞行技术自然水到渠成。

习题

1）简述8字航线飞行的动作标准。

2）简述你对8字航线飞行训练的体会。

3）你认为8字航线飞行训练对于小航线飞行训练来说，有哪些难点？

4）前面科目中的哪些飞行技术用到了8字航线飞行训练，简要说明？

5）基本的训练科目已经完成，简要总结无人机飞行训练的收获。

项目4

八旋翼无人机飞行训练

说明:

到目前为止，通过对前面五大项目的系统训练，操作者已经基本掌握了多旋翼无人机基本飞行技术，多旋翼无人机的飞行等级共分为 6 级（分别是 8、7、6、5、4、3 级），目前已经基本训练到了 5 级（8、7、6、5 级），按照技术要求，已经基本满足多旋翼无人机作业人员的基本技能素质。如果操作者需要进一步提高飞行技术，可以参看附录，继续训练完成最后两个等级的训练，达到 4 级、3 级的训练目标。本项目是在前面飞行技术的基础之上来介绍八旋翼无人机飞行技术的，飞行操控技术还是那些科目，主要区别在于：

第一，所用无人机更大、更重，飞行难度更高。

第二，所用设备更多，除了遥控器、无人机之外，还需要电台、地面站等设备。

第三，设备成本更高，单套系统少则数万元，多则数十万元。

第四，危险性更大，场地要求更高。

基于以上特点，本项目的技术训练大多由学校或者专业的培训机构来组织完成，不建议操作者自己独立训练，安全为重。而且本项目内容更为精炼，是在前面的飞行技术基础上更上一层楼，相同的内容不再赘述，只作简单叙述（如带飞训练、单飞训练两个任务），新增加的内容作详细介绍（如飞前准备、地面站训练两个任务），力求脉络清晰，建议操作者务必要在充分掌握前面所学内容的基础上再继续学习本项目内容。

由于本项目的训练科目一般由学校或者专业的培训机构来组织完成，所以建议操作者在教师或教练的指导下完成。

本项目以大疆的八旋翼无人机 S1000+、大疆数传电台和地面站系统为例进行介绍。

任务 1　飞前准备

任务简介

本任务是八旋翼无人机的飞行训练的开始，也是保证后续安全飞行训练的基础，务必要保证飞前准备的充分和安全，操作者前面的大量练习是进行八旋翼无人机飞行训练的必要基础，有了前面的基础，能够更快地熟悉本任务，从而进行充分的准备。因为前面任务中使用的无人机无论是尺寸还是起飞重量都远远小于本任务使用的无人机，某些操作者有可能在前面的练习中形成一些不良习惯并用以完成本项目中的任务，这样容易造成事故，无人机越大，造成事故后带来的损失和危害越大，所以再次说明，应做好飞前准备，按照安全操作规范完成任务。

任务目标

1）设备准备充分。

2）能保证场地满足飞行训练需要和安全需要。

3）能够安全地进行电池的充电和运输。

4）能够按照安全规程执行飞前检查程序。

学习和训练内容

1）设备准备。

2）场地准备。

3）飞前检查及安全规程。

一、设备准备

主要准备无人机、遥控器、电池、地面站等，教练指导学员准备，并做好设备登记，让学员熟练掌握设备的准备过程。

1．无人机准备

本节以大疆八旋翼无人机 S1000+ 为例进行介绍，如图 2-4-1 所示。S1000+ 采用可收放起落架，配合三轴云台适合航拍作业，用于航拍作业时挂载云台和相机，用于飞行训练时建议卸掉云台和相机，如图 2-4-2 所示。

图 2-4-1　航拍作业时的大疆 S1000+

图 2-4-2　卸掉航拍设备的大疆 S1000+

S1000+ 采用“V”形 8 旋翼设计，如图 2-4-3 所示，同时采用可折叠机臂，便于收纳，如图 2-4-4 所示，主要结构部件均采用质量强度比极高的碳纤维复合材料，在保证机身结构强度、刚度的同时大幅减轻重量。

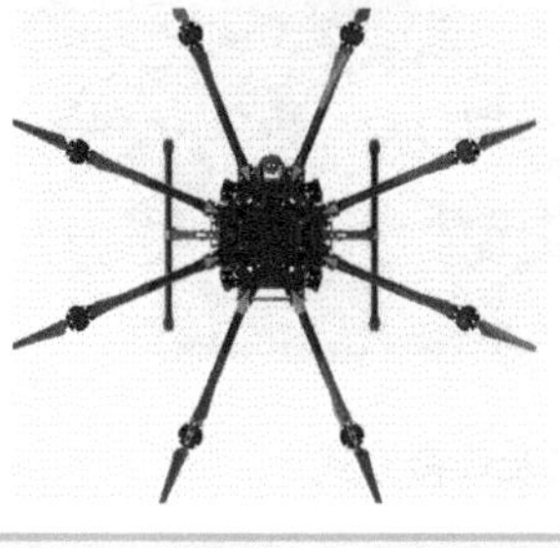

图 2-4-3　采用“V”形 8 旋翼设计

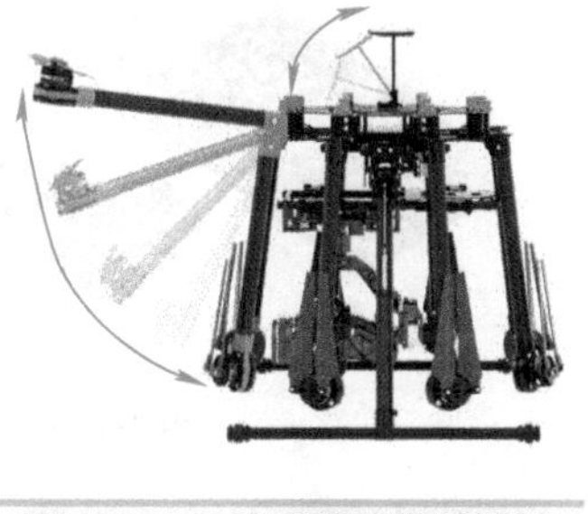

图 2-4-4　采用折叠机臂设计

本设备的主电源线选用 AS150 防火花插头与 XT150 的组合，该设计可以防止插错电池极性，操作者不必用接口颜色来区分连接是否正确。该设计也能有效地防止电池自短路。这里要注意的是，如果插头损坏了需要更换，也一定要使用防火花插头，如图 2-4-5 所示。因为该机使用 6S 的电池，如果使用普通插头，在插拔电源时容易因产生火花而损坏。

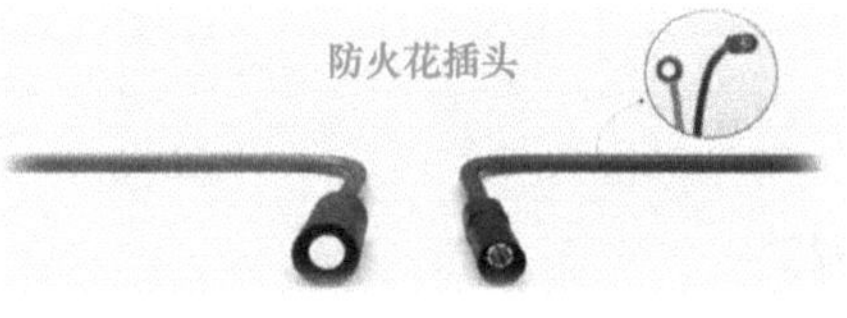

图 2-4-5　防火花插头

2. 遥控器准备

大疆 S1000+ 可以用大疆生产的遥控器进行控制，如图 2-4-6 所示，也可以用其他品牌的遥控器，这里建议使用本书前面所介绍的 Futaba 遥控器，便于带飞训练。

带飞训练顾名思义就是对于新手训练，为了确保安全由教练带飞，具体操作是将学员的遥控器和教练的遥控器用教练线连接起来，如图 2-4-7 所示，也可以通过无线教练设备连接，如图 2-4-8 所示，这样两个遥控器之间没有线的羁绊，比较方便自由，但是要注意周围电磁信号的干扰。

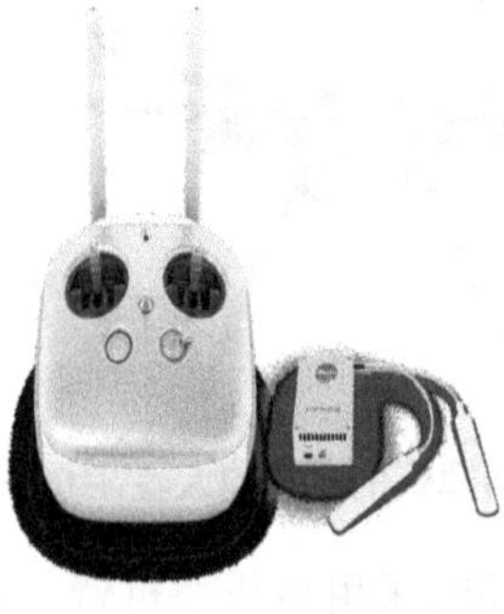

图 2-4-6　大疆遥控器

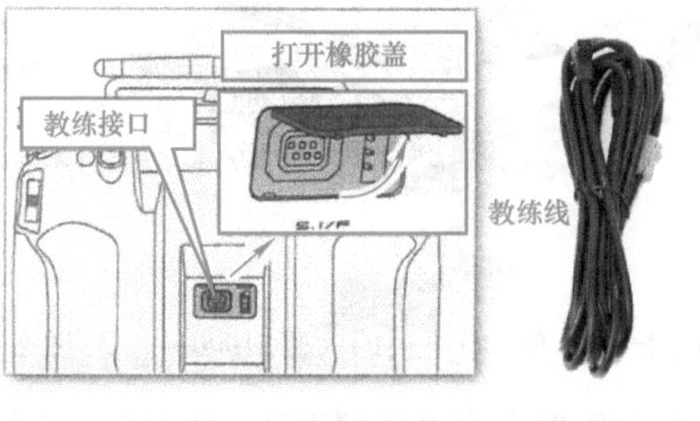

图 2-4-7　Futaba 遥控器的教练插口和教练线

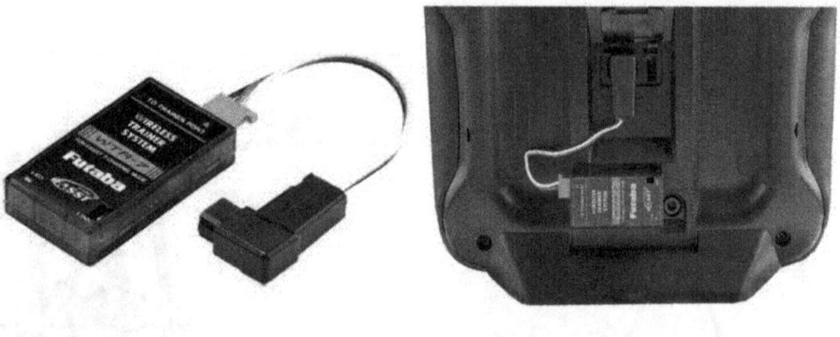

图 2-4-8　无线教练设备及连接方式

教练遥控器和学员遥控器连接好之后，通过系统设置和操控，教练可以通过教练开关控制学员发射机是否能够控制无人机，当学员飞行出现危险或者偏差过大时，教练可以立即切换，解除学员发射机的控制权，无人机完全由教练控制，以确保安全；当然，也可以通过系统设置，根据学员的飞行水平以设定学员发射机所能控制的通道数，便于循序渐进地训练。

下面介绍关于教练功能的设置。

（1）教练功能的开启

要启动教练功能，教练发射机和学员发射机都要进行相应的设置，Futaba 系列遥控器教练功能启动设置见表 2-4-1。

表 2-4-1 Futaba 系列遥控器教练功能启动设置

<table>
<tr><th colspan="2">发射机类型</th><th colspan="2">教练发射机设置</th><th colspan="3">学生发射机设置</th><th rowspan="2">教练线类型</th></tr>
<tr><th>教练</th><th>学生</th><th>系统设置</th><th>通道设置</th><th>系统设置</th><th>通道设置</th><th>变频设置</th></tr>
<tr><td>T14SG、T18MZ</td><td>T14SG、T18MZ</td><td>任意</td><td>14/16CH</td><td>任意</td><td>14/16CH</td><td>—</td><td rowspan="4">T12FG/9C
双方口</td></tr>
<tr><td>T14SG</td><td>T14MZ、FX-40、T12Z、T12FG、FX-30</td><td>任意</td><td>12CH</td><td>PCM-G3/2.4G</td><td>12CH</td><td>PPM</td></tr>
<tr><td rowspan="2">T14SG</td><td rowspan="2">T8FG、FX-20</td><td rowspan="2">任意</td><td>12CH</td><td>FASST-MLT2</td><td rowspan="2">—</td><td rowspan="2">—</td></tr>
<tr><td>8CH</td><td>FASST-MULT</td></tr>
<tr><td>T14SG</td><td>T10C、T9C、T7C、T6EX、T4EX</td><td>任意</td><td>8CH</td><td></td><td>—</td><td>—</td><td rowspan="2">T12FG
双方口</td></tr>
<tr><td>T14SG</td><td>T10CG、T7CG</td><td>任意</td><td>8CH</td><td>任意</td><td>—</td><td>—</td></tr>
<tr><td>T14SG</td><td>T8J、T6J</td><td>任意</td><td>8CH</td><td>任意</td><td>—</td><td>—</td><td rowspan="4">T12FG/9C
双方口</td></tr>
<tr><td>T14MZ、FX-40、T12Z、T12FG、FX-30</td><td>T14SG</td><td>任意</td><td>12CH</td><td>任意</td><td>12CH</td><td>—</td></tr>
<tr><td>T8FG、FX-20</td><td>T14SG</td><td>任意</td><td>12CH</td><td>任意</td><td>12CH</td><td>—</td></tr>
<tr><td>T10C、T10CG、T9C、T7C、T7CG、T8J</td><td>T14SG</td><td>任意</td><td>—</td><td>任意</td><td>8CH</td><td>—</td></tr>
</table>

（2）注意事项

1）请按照正确的连接方法使用教练线。教练线上标示着教练的接口端要连接在教练发射机上；标示着学员的接口端要连接在学员发射机上。

2）根据发射机的不同，通道顺序也会有所不同。在使用教练功能前，请将教练和学员所使用的发射机的通道顺序进行匹配。

3）根据连接的发射机型号不同，系统类型、教练功能的模式设定也会有所不同。请根据表 2-4-1 的内容进行设定使用。

4）飞行前一定要确认教练和学员的所有通道都可正常操控。

5）飞行前一定要确认教练线的接口已插牢固，避免松动脱落导致危险发生。

（3）教练功能设置

1）在系统菜单（System Menu）下选择教练功能（TRAINER），按下 <RTN> 键，

调出如图 2-4-9 所示的画面。

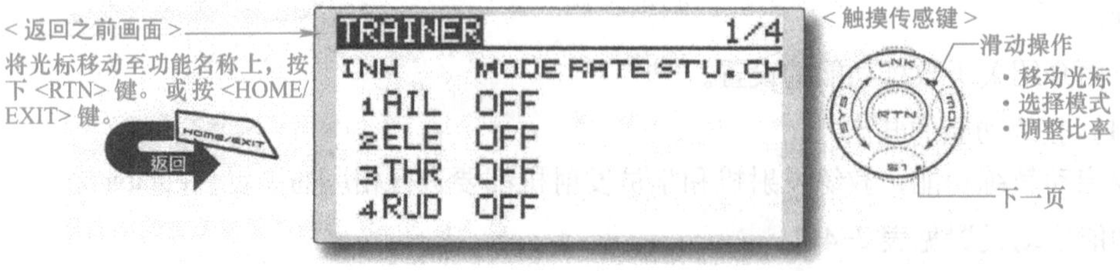

图 2-4-9 进入教练功能设置菜单

2）作为学员用发射机使用时，请将教练功能设置为“INH”。

注意：作为学员发射机使用时，电源开关要关闭。教练发射机打开电源时，学员发射机电源会联动打开。

3）作为教练发射机使用时，“CH 模式”的设置如图 2-4-10 所示：当学员使用 T14SG、T18MZ 时，选择“16CH”；当学员使用 T14MZ、FX-40、T12Z、T12FG、FX-30 时选择“12CH”；学员使用其他发射机时选择“8CH”。

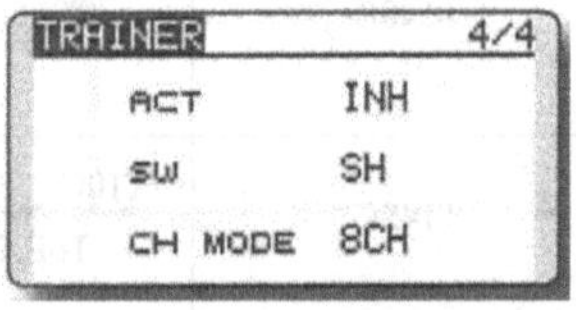

图 2-4-10 设置界面

4）教练开关的选择。如果要更改开关设定，则将光标移动至“SW”处，如图 2-4-10 所示，按下 <RTN> 键，进入开关选择画面。

注意：开关设置页面中，还可以选择开关的模式。如果在“ALT”项中选择“OFF”，则为普通模式，教练功能的开启和关闭由开关位置决定。如果在“ALT”项中选择“ON”，则每拨动一次开关，教练功能就切换一次。这样的话，即便使用瞬时开关（SH）也可以让教练功能的 ON/OFF 交替进行，不必一直按住开关。

5）对学员释放权限的通道设置，如图 2-4-9 所示。需要将哪个通道释放权限给学员进行控制，就将哪个通道设置为“ON”，不释放权限的通道设置为“OFF”。

注意：如果教练和学员的发射机没有通过教练线连接，即使打开教练开关，“ACT/INH”模式依然会显示“OFF”。只有在教练和学员双方处于连接状态下才会显示“ON”。

6）动作模式设置。

需要更改动作模式时，将光标移动到要更改的通道模式上，按下 <RTN> 键，切换到输入状态。向左或向右滑动触摸传感键面板，对模式进行更改，再次按下 <RTN> 键，模式变更结束。

“NORM”正常模式：由学员发射机输出的信号来控制无人机。

“MIX”混控模式：由教练和学员双方发射机输出信号混合后控制飞机模型（需将学员发射机的数据返回初始值）。

“FUNC”条件模式：学员发射机输出的信号，经教练设定认可后，控制飞机模型（需将学员发射机的数据返回初始值）。

“OFF”关闭：只有教练发射机可以控制操作。

7）学员发射机的舵量设置。

上述设定中，如果选择了“MIX”或“FUNC”模式，则可以对学员操作的舵机动作量进行设置。对于经验尚不丰富的学员，可以调低学员的比率。

需要调整比率时，将光标移动到需要更改的通道比率上，按下<RTN>键进入输入状态，通过滑动“触摸传感键”面板进行调整操作。

调整范围为0%～100%，初始默认值为100%。

3. 电池准备

由于无人机起飞重量比较大，所以电池电压和容量都相对较大，如图2-4-11所示，运输过程中要使用电池防爆箱，如图2-4-12所示。电池的充电、使用的方法及安全事项在前面相关内容中已有详细叙述，这里不再重复，建议操作者及时查阅，安全为重。

图2-4-11 电池

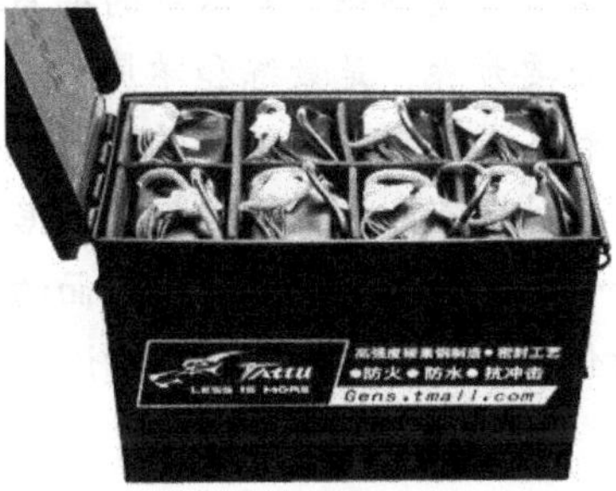

图2-4-12 电池防爆箱

二、场地准备

由于这个八旋翼无人机的轴距、起飞重量都比前面内容中介绍的无人机要大得多，所以场地的准备要参考前面所述，准备更大的飞行练习的场地，保证飞行安全。

三、飞前检查及安全规程

无人机飞前检查程序以及安全操作规程请查阅前面的内容，务必要严格按照安全规程执行飞前检查程序，这里不再重复介绍。

习题

1）从轴距250或者450的微型无人机到本项目的无人机，简述你在准备无人机过程中的感受。

2）本项目的无人机电源为什么用防火花插头？说明原因。

3）简述教练功能设置的步骤，用遥控器演示说明。

4）简述带飞训练前遥控器设置的注意事项。

5）简述电池准备的注意事项。

6）简述无人机动力电池的性能特点，并说明为什么需要用防爆箱进行运输?

任务2 带飞训练

任务简介

本任务是带飞训练，是本书的编写特点“虚实结合、带飞过渡”中的过渡，是虚拟回归现实的重要步骤，是教练和学员共同配合训练的内容。对于教练来说主要是根据带飞的训练程序和基本原则，进行科学合理的带飞训练；对于学员来说主要是根据要求进行包括心理因素和外部条件的积极准备，根据教练指导进行有效训练。

对于训练内容来说都是基于前面的训练要领来进行介绍的，所以内容简练。学员如果对一些操作要领未能完全记牢，建议及时查阅相关内容。

任务目标

1）通过地面演练掌握训练要领。

2）深入领会教练的所有口令。

3）严格执行教练的带飞程序。

4）掌握各个训练科目。

学习和训练内容

1）地面演练。

2）带飞训练程序和基本原则。

3）避让指挥。

4）常规飞行训练科目。

“虚实结合、带飞过渡”是本书的编写特点。“虚”是指虚拟，就是模拟飞行。模拟飞行能够安全低成本地提升飞行技术，但虚拟的目的是回归现实。“实”就是指外场实装飞行。外场飞行无论操作者的心理因素还是外部环境都与模拟飞行完全不一样，为了顺利地完成这个转换，通过带飞训练，无疑是非常安全的方式。所以“带飞”是“虚”与“实”之间的关键过渡。

如前所述，带飞训练顾名思义就是对于新手训练，为了确保安全，由教练带飞，具体操作是将学员的遥控器和教练的遥控器用有线或者无线的方式进行数据连接，通过系统设置和操控，教练可以通过教练开关控制学员发射机是否能够控制无人机，当学员飞行出现危险或者偏差过大时，教练可以立即切换，解除学员发射机的控制权，无人机完全由教练控制，以确保安全；本任务就是介绍带飞训练。

带飞训练内容主要是供教练参考的，而且训练科目在前面介绍过，只是训练方式不同、无人机不同，对于学员来说操作基本是一样的，所以本任务的内容较为简练。

一、地面演练

用多旋翼无人机模型作为道具介绍外场无人机飞行训练科目，通俗直观，方便教练讲解，更易于学员领会。要记住，“空中最低限度介入”的强大自信，来源于“地面最大程度训练”的细致严谨，所谓“空中最低限度介入”就是指在带飞过程中学员不出错或者少出错，所以教练不介入或者少介入，这就是最低限度介入。要做到这一点，必须要依赖于地面细致严谨的训练，包括模拟飞行和地面演练，这样才能真正让学员每飞一次精进一分，每考一次进步一点。

大家肯定在电视里见过战斗机飞行员的地面演练教学，如图 2-4-13 所示，无人机教学也一样可以借鉴，用多旋翼无人机的模型作为教具进行地面演练，详细讲解操控要领。

图 2-4-13　地面演练教学

二、带飞训练程序

1）带飞训练过程中必须接入教练线（或无线教练设备），由带飞教练控制主遥控器，当教练下达指令并将飞行控制权传递给学员遥控器时由学员操控飞行。

2）带飞环节以教练下达的飞行口令为准，学员需按照任务要求完成飞行动作。

带飞口令是教练和学员在带飞过程中达成有效交流的重要工具，在带飞之前学员一定要牢记教练给定的口令，否则不但严重影响带飞效果，甚至会因为带飞过程没有达成有效交流而导致危险。每个教练都有自己的习惯，只要带飞之前双方统一口令就好。表 2-4-2 是带飞时所用的系列口令，供读者参考。

表 2-4-2　带飞口令

序　号	口　令	含　义	备　注
1	无人机上电	连接飞机电源（确认做好飞前准备）	教练口令
2	计时归零	将遥控设备的计时器归零	教练口令
3	试舵	测试控制通道是否对应，方向是否正确，多旋翼试舵一般在飞前准备时进行，而固定翼或直升机每次起飞前都要试舵	教练口令
4	正常，是否起飞	学员试舵完毕，请示起飞	学员口令
5	可以起飞	教练确认试舵正确后，释放控制权限给学员，然后教练允许起飞，同时教练遥控器与学员遥控器的油门杆要同步上推	教练口令
6	准备，三二一，切	飞行过程中给学员释放控制权限	教练口令
7	教练，切	学员飞行过程中感觉有困难时请教练接管控制权	学员口令
8	前	推升降舵	教练口令
9	后	拉升降舵	教练口令
10	左	左压副翼	教练口令
11	右	右压副翼	教练口令
12	给油	推油门	教练口令
13	收油	拉油门	教练口令
14	左转	左压方向舵	教练口令
15	右转	右压方向舵	教练口令
16	准备降落	要求控制无人机准备降落	教练口令
17	无人机断电	断开无人机电源	教练口令
18	电机测温	降落后马上为飞机断电，及时测量电机温度并上报教练	教练口令
19	更换电池	更换安全、满电的电池	教练口令

三、带飞训练的基本原则

1）飞行过程中出现危险动作教练必须第一时间接管无人机。

2）飞行过程中出现学员无法继续正常飞行的情况，学员必须第一时间告知教练，并由教练接管无人机。

3）飞行过程中如果教练预判学员即将无法正常飞行，教练可第一时间终止学员飞行任务并接管无人机。

四、避让指挥

带飞训练过程中出现意外情况，例如，航线前方有障碍物、禁飞区、高大建筑等需要及时避让时，由教练及时下达避让口令并改变飞行航线，或者由教练接管飞行，必要时迫降并停止飞行训练。

做好准备之后，开始下面的飞行科目的训练，训练方法和技巧在前面的相应内容中已经有详细的介绍，这里不再赘述，只提训练要求。

五、悬停训练

1）了解并学会辨别飞机方向。

2）练习四位悬停，确定悬停目标点，以目标点为参照物，保持 3 ～ 5m 飞行高度，在水平方向位移范围小于 0.5m 直径，全面进行对尾悬停、对头悬停、对左旋停、对右旋停的训练。

六、直线航线飞行

（1）从巡航速度到小速度之间的变速飞行训练

1）操纵无人机进行“纵向直线平飞航线”的训练，要求飞行速度 2m/s，高度 5m。

2）操纵无人机进行“横向直线平飞航线”的训练，要求飞行速度 2m/s，高度 5m。

3）操纵无人机进行“纵向直线变速平飞航线”的训练，要求飞行速度先由 2m/s 加速至 5m/s，随后速度从 5m/s 减速至 2m/s，高度 5m。

4）操纵无人机进行“横向直线变速平飞航线”的训练，要求飞行速度先由 2m/s 加速至 5m/s，随后速度从 5m/s 减速至 2m/s，高度 5m。

（2）匀速上升下降

1）操纵无人机练习匀速直线爬升航线，速度 2m/s。

2）操纵无人机练习匀速直线下降航线，速度 2m/s。

七、定高自转360° 训练

1）操纵无人机进行顺时针定高自转一周训练，要求角速度大约 90° /s。

2）操纵无人机进行逆时针定高自转一周训练，要求角速度大约 90° /s。

八、水平8字飞行训练

1）熟练配合控制遥控器的俯仰、横滚、偏航、油门通道完成逆时针圆形航线平飞练习，速度 2m/s，高度 5m。

2）熟练配合控制遥控器的俯仰、横滚、偏航、油门通道完成顺时针圆形航线平飞练习，速度 2m/s，高度 5m。

3）熟练配合控制遥控器的俯仰、横滚、偏航、油门通道完成水平 8 字航线练习，速度 2m/s，高度 5m。

习题

1）谈谈你对本书的“虚实结合、带飞过渡”的特点的理解。

2）简述你对带飞训练的体会。

3）简述地面演练的重要性，谈谈你对“空中最低限度介入”的理解。

4）带飞训练的基本原则是什么？

5）如果你是教练，应如何进行避让指挥？

6）和前面的微型无人机相比，本科目的训练机型有什么性能特点？

7）谈谈你在带飞训练中的收获，所谓带飞过渡，你为单飞训练做了哪些充分准备？

任务3　单飞训练

任务简介

从模拟飞行到带飞过渡，最后回归现实，单飞就是回归现实，是最重要的飞行训练部分。通过本任务的训练，操作者要建立起独立操作无人机的自信心，同时还要避免常见的错误，当然，这些都是建立在前面扎实的训练基础之上的。

任务目标

1）能够独立进行完整的设备准备。

2）能够安全规范地执行飞前检查。

3）掌握常规科目的单飞技能。

4）掌握飞后检查及无人机交接。

学习和训练内容

1）飞前准备。

2）单飞科目训练。

3）预案执行。

4）飞后检查与无人机交接。

单飞是飞行训练的目的，从模拟飞行，到带飞过渡，最后回归现实，单飞就是回归现实，是最重要的部分。

单飞至关重要，却又显得无足轻重。所谓至关重要，是因为进行大量的模拟飞行、带飞训练等，目的就是为了单飞，目标之所在，何其重要，不言自明；然而又说无足轻重，那就是既然已经到了能够单飞的程度了，那就是应该万事俱备了，不论是理论知识还是设备准备、场地条件、安全操作、动作要领、各个科目的娴熟程度等，你都已经准备充分。若非如此，应该回到前面的内容继续补充练习，所以到了这里已经无须重述知识技能。

单飞所要解决的问题是操作者要建立起独立操作的自信心，同时还要避免常见的错误，自信心是建立在前面扎实的训练基础之上的。

只有做到了全面理解，规划于前，才能有充分的自信，也才能真正完成单飞的任务。在此只需简单说明几点：

1）一定要绝对保证无人机事先已经进行过全面的飞前检查，要确保各个部件都已连接好，电池正常，一切运转可靠。

2）选择一个弱风的日子。弱风的天气可以显著地减少飞行中进行航线校正的必要，从而提供给操作者更多的时间进行思考，让操作者觉得一切似乎都发生得慢了一些，才能更加从容应对。

3）操作者调整好自己的心态、准备好自信，要记住，单飞都是在展示操作者拥有的单飞所需的技术，单飞实际上就是由从地面出发，最终又回到地面的一系列的动作和航线构成的。其组成无非是前面训练扎实的一系列技能而已，所以操作者无须紧张，但要有足够的重视，严谨细致地完成每一个动作就成功了。

4）起飞之前操作者在心里将飞行动作默想一遍，做到规划于前，不要把无人机飞起来之后就像无头的苍蝇一样到处乱飞，要做到有计划、有目标、按规程，有条不紊地进行。

5）做好这些准备，就开飞吧，对于大多数人来说，只要完成了单飞，不管是完成得十分完美，还是略有欠缺，只要能完成预定科目并安全着陆，就都能获得同样的成就感。这种成就感就是增加下一次单飞的自信的基础，这是良性循环。

6）切记，每次训练对下一次训练有可能是良性的影响，也可能是非良性的。刚才所说的成就感就是良性的，但如果训练出现事故等非期待性结果，这就是非良性的影响，因为出现这种结果不仅没有成就感，还会影响自信心。

7）要明白，最能体会自己成就感的时刻并不是在单飞完成之时，而是在单飞训练任务完成之后，“人马”毫发无损，在高歌凯旋的路上。因此，建议操作者在首次单飞的那天，几轮成功之后，立刻见好就收，让成功的喜悦变为日后进一步巩固提高的动力。

一、备用预案的执行

1）做好预案，避免或最大程度地减少损失。

2）做好飞行前检查、飞行后检查，预防为主、常备不懈。

二、正确地交接无人机

1）学员收到放单飞许可后方可起飞。

2）飞行结束后由教练统一讲评并交接无人机。

习题

1）单飞训练，你的收获是什么？同时总结一下你还有什么不足。

2）单飞训练应该具备什么样的条件，最重要的条件是什么？

3）你觉得单飞训练中什么时候该结束训练，为什么？

4）单飞训练之前你会进行动作冥想吗，你觉得有什么用？

任务 4　地面站训练

任务简介

在前面的飞行训练中都是手动去控制无人机的整个飞行过程，这是作为一名合格的无人机驾驶员所必需的技能基础。在无人机的任务执行过程中，掌握这些还不够，因为大多数情况下无人机的飞行作业都是通过地面站进行操作的，所以要通过本任务的学习，掌握地面站的系列知识和技能。

任务目标

1）掌握地面站的硬件连接。

2）掌握地面站软件的安装与使用。

3）掌握任务规划的方法。

4）掌握无人机的任务执行。

学习和训练内容

1）飞前准备。

2）任务规划。

3）任务执行。

一、飞前准备

1. 硬件准备

(1) 认识硬件

以大疆 2.4GHz 或 900MHz 无线数传电台为例，来介绍一下硬件及其连接方法，首先介绍硬件，如图 2-4-14 所示。

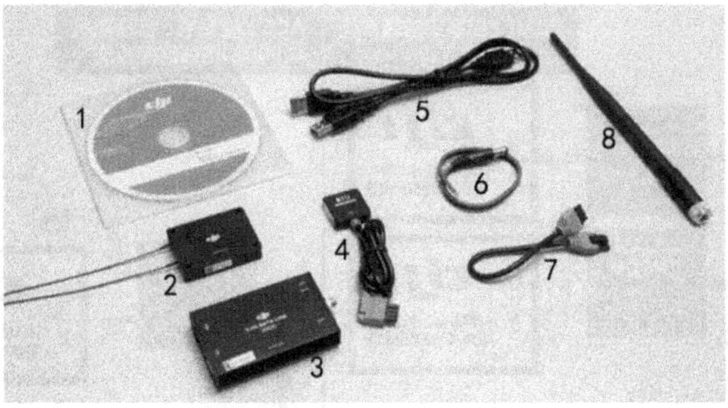

图 2-4-14　大疆数传电台

1—PC 版地面站软件安装光盘　2—电台的机载端　3—电台的地面端
4—BTU 模块　5—USB 数据线　6—DC 电源线　7—CAN-Bus 线　8—天线

（2）硬件连接

1）电台地面端连接。

首先将天线和 BUT 模块连接好地面端，准备一台装有 DJI 地面站软件的笔记本式计算机，使用设备提供的 USB 连接线连接无线数传电台地面端和笔记本式计算机。USB 连接线的一端有两个接头，请使用通信接头插入笔记本的 USB 端口，如果 USB 端口供电不足，则再将供电接头插入 USB 端口，地面端连接方式，如图 2-4-15 所示。

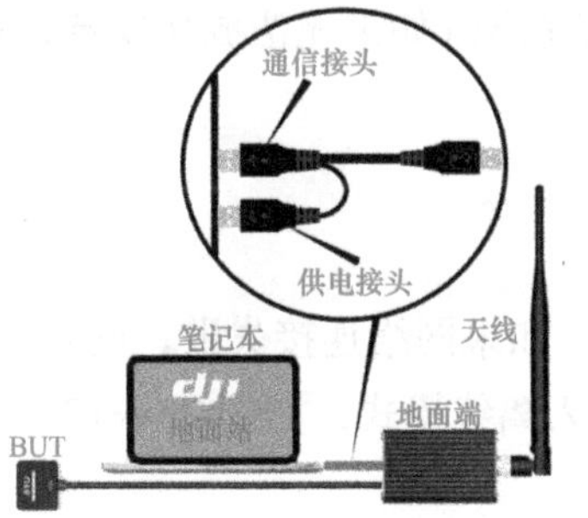

图 2-4-15　地面端连接方式

2）电台机载端连接。

机载端连接方式，如图 2-4-16 所示，900MHz 无线数传电台机载端有两个 CAN 口。如果使用 ACE 飞控系统，则必须将其中一个 CAN 口和飞控系统的空余 CAN 口连接，而另一个 CAN 口与输出电压在无线数传电台机载端的输入电压范围之内的电池连接。

2.4GHz 无线数传电台机载端只有一个 CAN 口。通常只需要将无线数传电台机载端上的一个 CAN 口和 DJI 飞控系统上的任何一个空余 CAN 口相连即可。注意，如果使用大疆 A2 飞控系统，则需要使用 CAN2 端口。 如果使用 WKM 飞控系统，则需将无线数传电台机载端和电源模块一起使用。务必确保电池能够支持预期的飞行时间。确保无线数传电台机载端的天线头在飞行时与地面端天线可视，并竖直向下，以获得最大飞行控制范围。

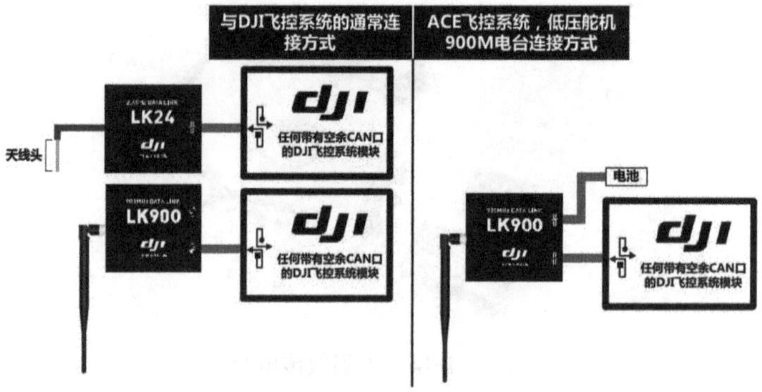

图 2-4-16　机载端连接方式

2. 软件准备

(1) 软件安装

软件的安装都大同小异，这里就不再介绍了，做一些特别说明即可。

1）操作系统要求。

准备好笔记本式计算机，Windows XP 操作系统需要安装 sp2 补丁；Vista、Windows 7、Windows 8 操作系统可直接安装（基本版需要安装 sp3 补丁）。

2）安装软件种类。

包括谷歌地球插件、地面站系统（如果无法成功安装，请先安装 .NET Framework 3.5）以及驱动程序。

(2) 软件功能介绍

1）开启地面站应用程序。

运行软件会自动检测网络，如果网络连接失败，则自动进入离线模式。也可以通过单击“OFFLINE MODE”按钮进入离线模式，如图 2-4-17 所示。

2）连接到主控制器。

软件打开之后，界面如图 2-4-18 所示，在下拉列表中选择通信端口，单击“连接”按钮，以连接 DJI 飞控系统的主控制器，如果提示连接有问题，请检查连接线。

图 2-4-17　开始运行地面站软件

图 2-4-18　选择通信端口

3）软件界面介绍。

软件打开之后，界面如图 2-4-19 所示。下面逐一介绍软件界面，方便后续使用，具体内容详见表 2-4-3（结合图 2-4-19 查看）。

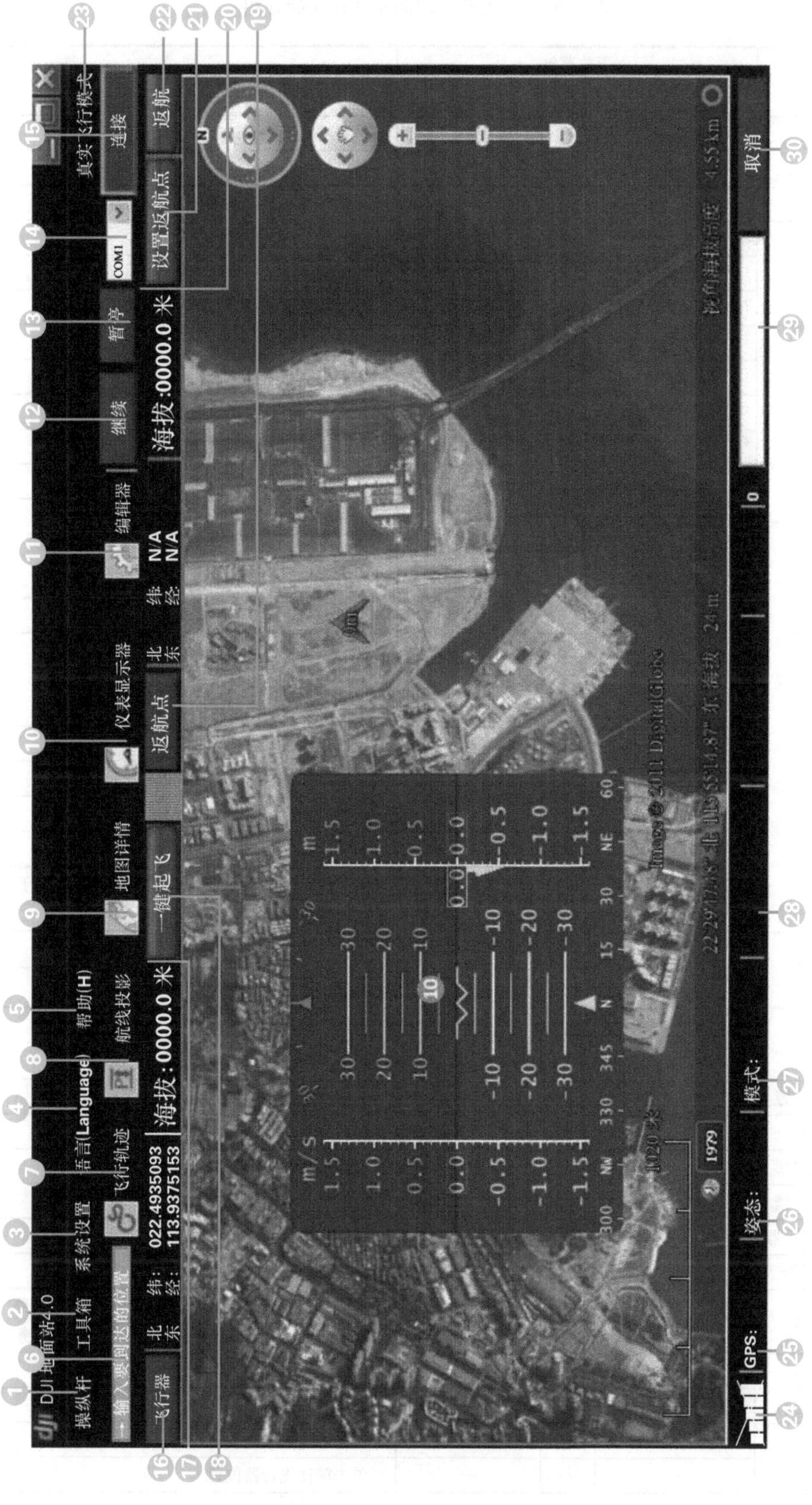

图 2-4-19　地面站软件界面

表 2-4-3 “大疆”地面站软件功能介绍

序号	功能区（按钮）	下拉菜单 一级	二级	三级	功能说明
1	操纵杆	选择操纵杆	—		选择输入设备
		校准	—		操纵杆校准
		通道映射	—		操纵杆控制通道映射
2	工具箱	点击模式	—		实时的单航点功能
		F 通道控制器	—		设定主控器 F 通道的功能
		相对坐标编辑器	—		在当前航点相对位置添加一个新航点
		航线模板	—		航线类型库
		动作设置	—		通用伺服功能设置
		摄影测量工具	—		设置摄影测量工具
3	系统设置	选项	基本设置	声音	打开或关闭声音
				仪表盘样式	选择仪表显示器的样式
				动作设置	动作序号显示间隔
				暂停模式控制时间间隔	给主控发送数据包的频率
				目标线	飞行器与当前飞行目标的连线
			数据链路设置	—	一个数据包包含的航点个数 上传一个包的重传次数 重传一次包的超时时间
		GS VPN	开	—	启动地面站时默认开启 VPN
			关	—	启动地面站时默认关闭 VPN
		海拔高度补偿值	高度	—	相对高度模式
			海拔	—	海拔模式
		数据记录文件夹	—	—	包括 Log 和 Mission 两个文件夹，分别用于存放日志文件和航线任务
4	语言	中文	—	—	中文显示模式
		English	—	—	英文显示模式
5	帮助	升级检测	—	—	升级软件
		关于	—	—	说明 DJI 地面站版本信息
6	输入位置	—	—	—	输入要到达的位置
7	飞行轨迹	—	—	—	单击显示飞行轨迹
8	航线投影	—	—	—	在编辑任务时单击可显示航线投影
9	地图详情	—	—	—	单击显示地图详情
10	仪表显示器	—	—	—	单击弹出仪表盘窗口
11	编辑器	—	—	—	单击弹出任务编辑器窗口
12	继续	—	—	—	如果从航线模式切换至飞控模式，单击“暂停”后再单击“继续”，飞行器将继续执行未完成的任务
13	暂停	—	—	—	暂停任务
14	串口选择	—	—	—	链接串口选择
15	连接	—	—	—	单击连接主控器
16	飞行器	—	—	—	单击前往飞行器位置

（续）

序号	功能区（按钮）	下拉菜单			功能说明
		一级	二级	三级	
17	位置信息	—	—	—	飞行器实时位置信息
18	一键起飞	—	—	—	单击后飞行器起飞
19	返航点	—	—	—	单击前往返航点位置
20	位置信息	—	—	—	返航点位置信息
21	设置返航点	—	—	—	改变返航点
22	返航	—	—	—	单击返航
23	点击切换	—	—	—	显示“真实飞行模式”或“模拟飞行模式”
24	信号强度	—	—	—	显示地面站与主控之间的连接状态
25	GPS	—	—	—	实时 GPS 信号质量
26	姿态	—	—	—	实时姿态特征
27	模式	—	—	—	实时控制模式
28	状态参数	—	—	—	由识别到的主控类型决定
29	进度条	—	—	—	上传 / 下载进度条
30	取消	—	—	—	“取消”按钮

（3）地面站软件模式切换

关于地面站软件的模式切换，如图 2-4-20 所示，操作者会在软件使用中慢慢熟练。

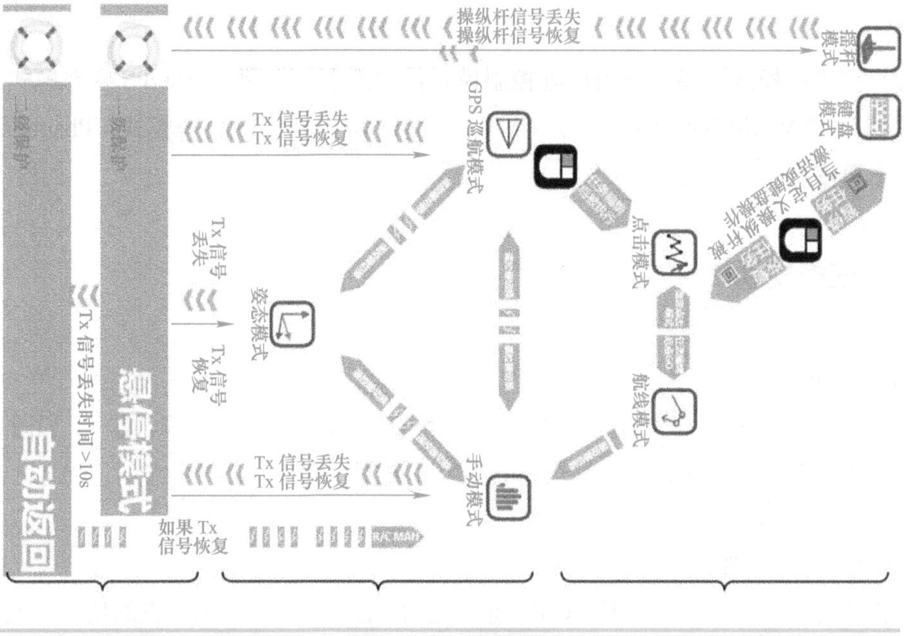

图 2-4-20　模式切换

3. 安全操作规程

安全操作规程是最重要的准备内容。在准备好硬件、软件之后，一定要按照安全操作规程进行后续操作。

1）2.4GHz 无线电波越障能力较弱，务必保持飞行过程中机载端天线与地面端天线之间可视，人体、树林、楼群或山脉等障碍物遮挡时可能导致地面端与机载端瞬间失去联络。

2）使用时请尽量将地面端放置在高处，这样可以最大限度地增加电台的传输距离。

3）机载端天线头尽可能竖直向下放置，地面端天线竖直向上放置，两根天线间保持可视（不要遮挡），否则通信距离受很大影响。

4）地面端 Link-Alarm 灯红灯亮起时，为距离报警；红灯灭掉时，报警解除；当距离报警时，应考虑立即返航。

5）地面端 Link-Alarm 绿灯熄灭时，这时无论红灯是亮或灭，均表示与机载端失去网络连接，务必立即执行返航程序。

6）起飞前务必检查驱动程序是否已正确安装、COM 端口是否选择正确。

7）在使用前务必确保发射端和接收端的电台都已上电。

8）使用前务必关闭调参软件，否则会导致端口冲突。

9）请确认两个无线数传终端是否摆放得太近，保证 2.4GHz 两个终端之间的距离必须在 1.5m 以上；保证 900MHz 两个终端之间的距离必须在 5m 以上。

10）务必确保不同的连接模式使用正确的连接线。

11）由于高压舵机和无副翼系统耗电速度很快，务必确保电池能够支持预期的飞行时间。

12）“飞控模式”指飞行器所处控制模式：ACE 指飞行器处于 GPS 姿态模式或 GPS 巡航模式，A2/WKM/NAZA-M/NAZA-MV2 指飞行器处于 GPS 姿态模式，Phantom2 指飞行器处于可安全飞行状态。

二、任务规划

1．编辑飞行任务

（1）新建飞行任务

首先单击“编辑器”，如图 2-4-19 所示（编号 11），打开“任务编辑器”，如图 2-4-21 所示。单击“新建”按钮，开始编辑新的飞行任务。

（2）添加航点

1）使用鼠标添加。

单击添加航点，方法是按住 <Ctrl> 键，在 3D 地图上单击添加航点的位置，就完成了航点的添加。

如果想添加更多新的航点，请重复以上步骤。起始航点索引号为 0，每添加一个新航点，其索引号按 1 递增，当前选中航点显示绿色，如图 2-4-22 所示。如果想在某个航点之前插入一个新航点，那就选中该航点后，将鼠标移至新航点位置后按 <Ctrl> 键并单击鼠标左键。

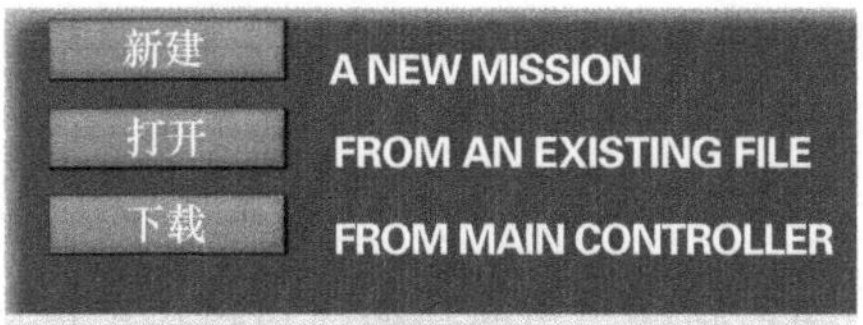

图 2-4-21 任务编辑器

图 2-4-22 当前航点显示绿色

2）使用“相对坐标编辑器”添加航点。

添加第一个航点后，可以单击菜单“工具箱”，如图 2-4-19 所示（编号 2），选择“相对坐标编辑器”来添加新的航点。

① 选择一个航点，选择“相对坐标编辑器”或者按 <Shift+P> 组合键，进入“相对坐标编辑器”，如图 2-4-23 所示。

② 用 <Tab> 键在两个文本框之间转换。

③ 输入相对坐标：角度是与当前航点正北方向的相对角度，距离是与当前航点的相对距离。

④ 按 <Enter> 键，即可在当前航点之后看见所设置的新航点。

图 2-4-23 相对坐标编辑器

（3）删除航点

在 3D 地图或在编辑中的任务菜单中选中航点，选中的航点显示绿色，然后单击“-”键或者按 <Delete> 键，即可删除航点。

（4）编辑航点属性

编辑航点属性时，在 3D 地图或编辑中的任务菜单中选择航点，进入“航点属性”设置界面，如图 2-4-24 所示，可对航点的“海拔”“转弯模式”“水平飞行速度”“机头朝向角度”和“停留时间”等进行设置，设置完成时，按 <Enter> 键确认。

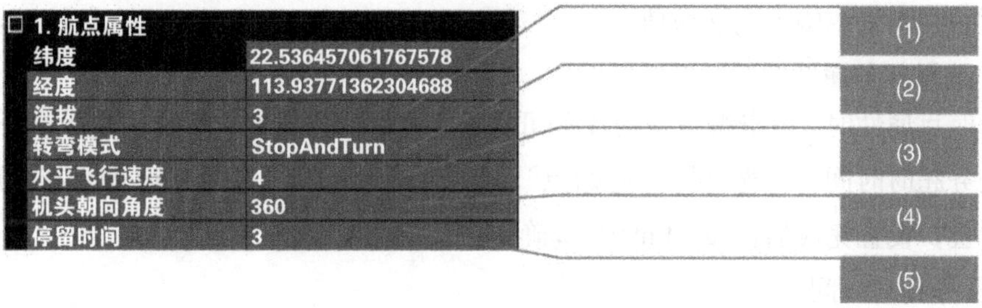

图 2-4-24 航点属性设置界面

1）海拔（高度）。

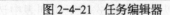

航点海拔（单位为 m）如果是高度模式，指的是航点的相对高度，如果是海拔模式，

则是指航点的海拔高度。通过单击“高度调节”按钮编辑每个航点的高度。也可以在“海拔”后面的文本框中输入确切的海拔数值。

2）转弯模式。

航点的“转弯模式”可以独立设置，可选择：定点转弯、协调转弯或自适应协调转弯，如图 2-4-25 所示。系统默认转弯模式为定点转弯。可以从转弯模式的下拉列表中选择定点转弯、协调转弯或者自适应协调转弯，以改变这些设置。注意，在协调转弯模式或自适应协调转弯下，航点属性中的参数停留时间将被忽略。

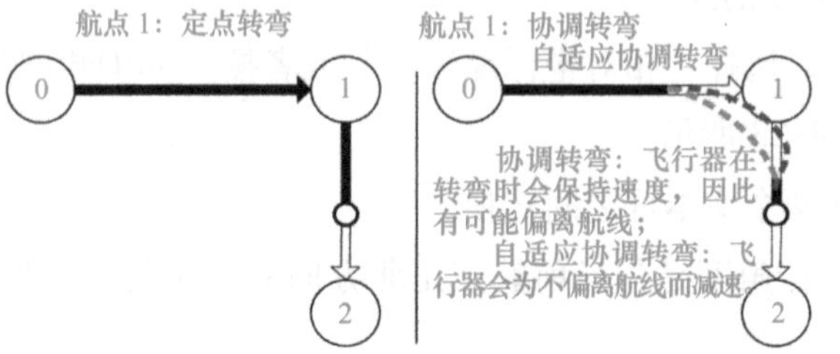

图 2-4-25　转弯模式

3）水平飞行速度。

水平飞行速度是指从上一航点到当前航点的速度（单位为 m/s）。在航线模式下，系统默认速度为 4m/s，允许的最大速度为 25m/s。要改变水平飞行速度，可在“水平飞行速度”后面的文本框中输入确切数值。

4）机头朝向角度。

如果要求飞行器在到达某个航点时朝向特定的方向，可通过设置该“机头朝向角度”得以实现（单位：°），默认值为上一个航点的机头朝向角。

可以在“机头朝向角”后面的文本框中直接输入角度值，也可以用鼠标右键选择航点并按住，移动滑轮或按 < ↑ >、< ↓ > 键改变机头朝向角。

5）停留时间。

设置飞行器在某航点的停留时间。该设置仅对定点转弯有效。设置方法是在“停留时间”后面的文本框中输入确切数值。

（5）编辑任务属性

编辑航点属性时，单击编辑中的任务可看见“编辑任务属性”界面，如图 2-4-26 所示，可对“任务超时时间”“循环”“起始点”“垂直最大速度”以及“设置所有航点参数”等进行设置，设置完成后，按 <Enter> 键确认。

1）任务超时时间。

本项设置的意思是如果飞行器飞行时间超过任务时间限制，将自动返航（默认值为 65 535s；最小值为 60s；最大值为 65 535s）。设置方法是在“任务超时时间”后面的文本框中输入确切数值。

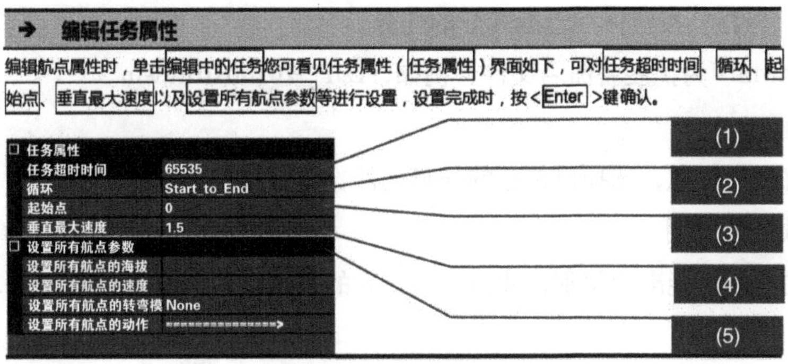

图 2-4-26 “编辑任务属性”界面

2）循环。

设置飞行器是否进行循环飞行，包括“Start to End”和“Continuous”两种方式。其中“Start to End”是从起点到终点，仅执行一次；“Continuous”是从起点到终点重复执行多次，如图 2-4-27 所示。默认模式为“Start to End”。设置方法是在“循环”后面的下拉列表中选择任务执行模式：“Start to End”或者“Continuous”。

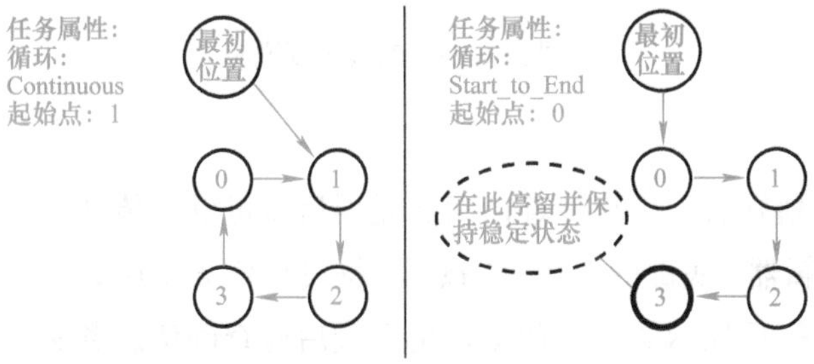

图 2-4-27　循环模式

3）起始点。

设置飞行器起飞后的第一个目标航点。默认起始航点索引为“0”。设置方法是在“起始点”后面的下拉列表中现有的航点索引中选择起始航点。

4）垂直最大速度。

该限制是飞行器在垂直方向上的绝对速度限制（单位为 m/s）。默认垂直方向速度为 1.5m/s，最大允许值为 5.0m/s。设置方法是在“垂直最大速度”后面的文本框中输入确切数值。

5）设置所有航点参数。

包括“设置所有航点的海拔”“设置所有航点的速度”“设置所有航点的转弯模式”和“设置所有航点的动作”。上述四项对所有航点属性的设置，只需要设置一次，即可让所有航点的属性都改变且一致，若此时需要对单一的一个航点进行属性设置也可选中所需设置的航点进行设置。

（6）保存和载入任务

1）保存任务。

① 单击“保存”按钮保存已编辑好的任务。

② 以“.awm”为扩展名命名文件，例如，DJI_ 20190101.awm。

2）载入任务。

单击“打开”按钮，选择已保存的任务文件，即可载入。

（7）航线规划说明

对规划的航线要能准确识别，才能便于正确的操作，具体说明如图 2-4-28 所示。

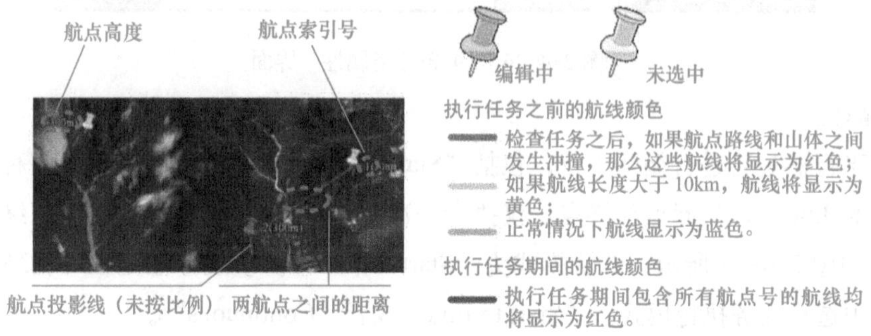

图 2-4-28　航线规划说明

2. 上传飞行任务

当飞行任务规划好后，认真检查，确认无误后就可以上传到无人机的控制系统，方法是单击“任务编辑器”底部的“上传”按钮，将飞行任务发送给主控制器。如图 2-4-29 所示为单击“上传”后显示的任务预览，用于最后检查确认。务必认真核对，确保正确后单击“确认”按钮，地面站的数据开始与无人机同步。在成功同步后，可以开始执行任务。

图 2-4-29 所示是一个有误的案例，请认真查看，确保自己在任务规划中不犯错误。

注意：数据同步之后，如需要重新编辑任务，那么在编辑完成之后还需要再进行一次同步操作。

航点	维度	经度	海拔	速度	转弯模式	高度差	动作模块
0	xxxxx	xxxxx	xxxxx	4	StopAndTurn	−10	NULL
1	xxxxx	xxxxx	xxxxx	6	StopAndTurn	20	定距
2	xxxxx	xxxxx	xxxxx	15	StopAndTurn	25	定时

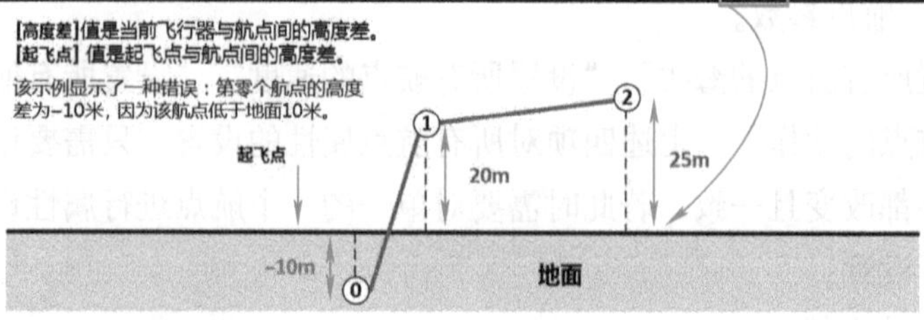
[高度差]值是当前飞行器与航点间的高度差。
[起飞点]值是起飞点与航点间的高度差。
该示例显示了一种错误：第零个航点的高度差为−10米，因为该航点低于地面10米。
起飞点
20m
25m
−10m
地面

图 2-4-29　任务预览与错误分析

三、任务执行

在完成上述所有步骤之后，查看地面站，确认在GPS星数满足要求的情况下，就可以使用三种起飞模式中的任何一种起飞无人机。建议使用手动模式起飞无人机，请将其悬停在一个合适的高度，最后检查无人机的状态是否正常，如有异常，立即降落。

确认无人机状态正常之后，切换到飞控模式，在“编辑器”中单击“GO”按钮，无人机将按照飞行任务中所设置的航线自主飞行。

习题

1）简述无人机地面控制站的作用。

2）简述你使用的地面控制站的组成。

3）简述地面控制站的硬件。

4）简述机载电台的连接及其注意事项。

5）将地面站软件安装在笔记本式计算机上，体验安装过程。

6）简单介绍地面站软件的功能界面。

7）口述地面站使用的安全规程。试规划一个安全合理的任务航线。

8）如果无人机正在执行航点7至航点8的任务，下一步不准备让它继续执行飞往航点9的任务，而是要它飞往新的航点执行任务，应该怎么操作?

项目 5

多旋翼无人机外场作业

项目简介

多旋翼无人机属于无人机产品领域的重要机型，在无人机应用领域占有重要的地位。本书前面都是介绍如何训练多旋翼无人机的飞行技术，为了达到学以致用的目的，本项目列举三个典型的多旋翼无人机外场作业案例，让读者更切实地了解多旋翼无人机的应用，限于篇幅，本项目只能抛砖引玉，多旋翼无人机应用广泛，望学生继续深入挖掘。

项目目标

1）了解多旋翼无人机的应用领域。

2）了解多旋翼无人机的具体作业步骤。

3）掌握多旋翼无人机电力巡线作业方法。

4）掌握多旋翼无人机航测作业方法。

5）掌握多旋翼无人机植保作业方法。

学习和训练内容

1）架空输电线路精细化巡检作业。

2）多旋翼无人机航测作业。

3）多旋翼无人机植保作业。

任务1　架空输电线路精细化巡检作业

一、杆塔类别认知

为了作业流程安排、杆塔拍摄顺序以及后期资料处理命名，需要对杆塔进行分类，以下列举常见塔型。

1．按照用途分类

1）直线塔：直线塔在电力传输中是最常见的一种塔型，一般用来承受电力线的重力，如图 2-5-1 所示。

2）耐张塔：耐张塔一般多用于转角处或某些特殊地形，需要承受很大的力量，所以耐张塔一般比相同电压等级的直线塔的体型更大，更为复杂，进行精细化巡检也更复杂，如图 2-5-2 所示。

3）换位塔：这种塔是为了交换导线相位，消除电场效应，减小输电过程中对环境的影响，如图 2-5-3 所示。

图 2-5-1　直线塔

图 2-5-2　耐张塔

图 2-5-3　换位塔

2．按照塔形分类

1）猫头塔：多为直线塔，因外形像猫头而得名，如图 2-5-4 所示。

图 2-5-4　猫头塔

2）酒杯塔：三相导线水平布置，外形像酒杯，多为直线塔，如图 2-5-5 所示。

图 2-5-5　酒杯塔

3）干字塔：外形像汉字“干”，多为直线塔，如图 2-5-6 所示。

图 2-5-6　干字塔

4）羊角塔：外形像羊角而得名，多为直线塔，如图 2-5-7 所示。

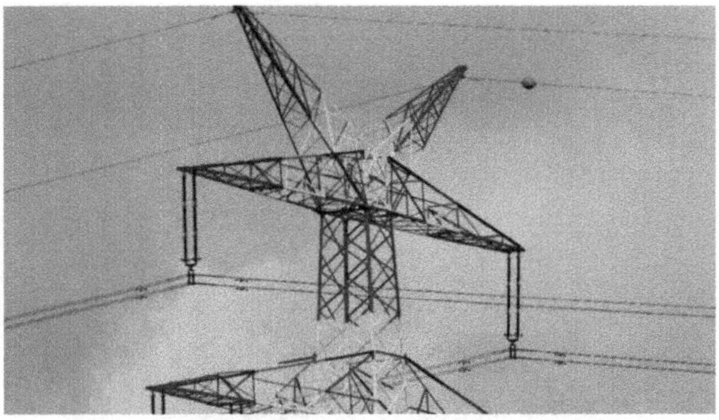

图 2-5-7　羊角塔

3．按照回路分类

1）单回路塔：指一个负荷（塔）上只有一个供电回路的塔，如图 2-5-8 所示。

图 2-5-8　单回路塔

2）双回路塔：指一个负荷（塔）上只有两个供电回路的塔，如图 2-5-9 所示。

图 2-5-9　双回路塔

3）多回路塔：指一个负荷（塔）上有多个供电回路的塔，如图 2-5-10 所示。

图 2-5-10 多回路塔

二、飞前准备

1. 任务分析

对任务前期分析，以提高后期作业时的作业效率，提升安全等级。

（1）外场作业环境评估

为了减小对人们生活的干扰，一般输电线路选择远离人员聚居地，所以大多数输电线路巡检任务都不是很好找路。在接到巡检任务之后，需分析要巡检线路的具体情况，例如，位置是在山区还是平原，在高海拔地区还是低海拔地区，然后将分析所得考虑到任务规划之中，千万不要盲目规划任务，这关乎任务执行的成败。

（2）运输线路评估

将每个塔的位置导入到地图中，如图 2-5-11 所示，认真查看地理环境，分析巡检工作的难度，查看进出地是否有路，规划好无人机的运输路线方案。

（3）作业对象评估

考虑到高压输电线路会产生强大的磁场，会对无人机产生干扰，导致飞机无法正常飞行，甚至有损坏飞机的情况发生，所以要对即将巡检的线塔进行详细了解。

首先是输电电压，电压等级高低不同，输电方式不同，常见高压输电压等级有 800kV、500kV、220kV、110kV 等。

其次是输电回路，常见回路有同塔单回和同塔双回等。

最后是输电方式，一般分为两相直流和三相交流。

根据上面的情况分析对无人机的影响，一般电压越高、回路越复杂，对无人机的干扰越大；同时相同电压等级下，直流电对飞机干扰更大。

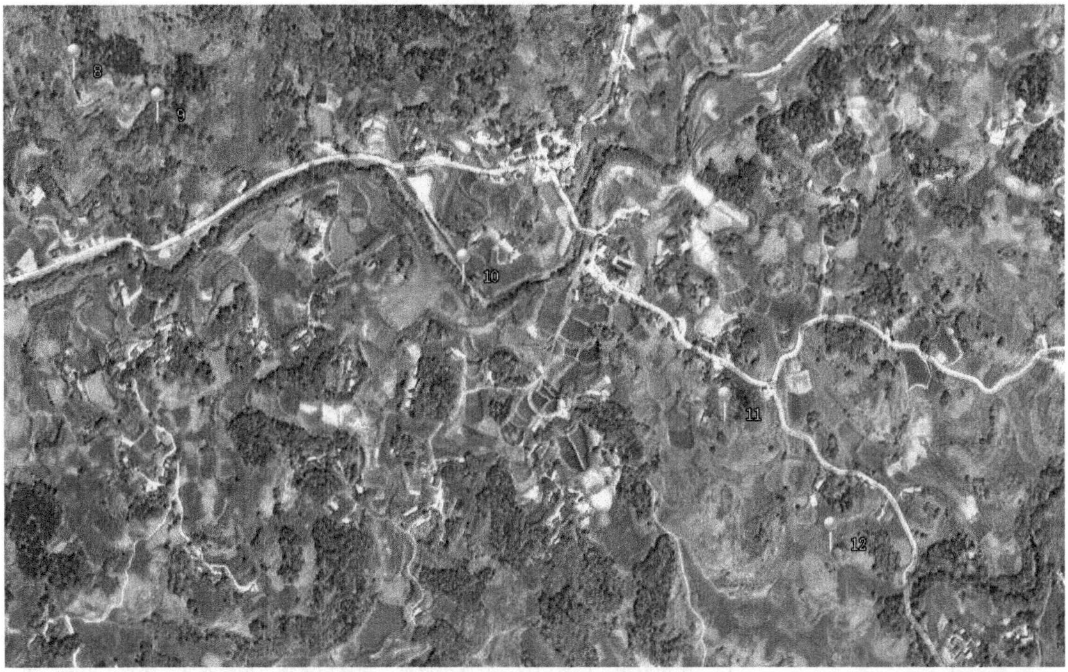

图 2-5-11 查看地理环境

2. 设备准备

以 500kV 同塔单回三相交流输电线路为例。

1）主要设备：考虑到作业地点大多为山区，很多地方需要徒步进入，这里选用大疆精灵 4P2.0，相较于 4P1.0 抗干扰能力更强，而相较于 S1000+ 重量更轻，便于携带，虽然其相机效果比不上 S1000+ 所搭载的 GH4 相机，但是已经能够满足巡检需求，所以飞行设备选择精灵 4P2.0。

2）设备清单：工欲善其事必先利其器，必须对设备做充分准备，设备清单见表 2-5-1。

表 2-5-1 设备清单（一个作业团队）

序号	设备	型号	数量	备注
1	大疆精灵	精灵 4P2.0	1 台	
2	电池	高容量电池	20 块	
3	充电器	原机配送	3 套	
4	储存卡	64GB	2 张	
5	笔记本计算机	—	1 台	三防计算机更好

三、作业实施

多旋翼无人机对杆塔进行精细化巡检，需要操作者用 GPS 模式第一人称进行飞行，主要依靠图传系统对飞行器进行操作，对操作者的技术要求、心理素质要求都比较高，在遇到突发情况时要能够及时、有效处理。

1. 主要巡检内容

巡检作业的目的就是要圆满地完成巡检内容，所以作业之前要认真拟定巡检内容，在作业过程中要认真核对，以免遗漏，多旋翼对杆塔精细化巡检内容见表 2-5-2。

表 2-5-2 多旋翼对杆塔精细化巡检内容

巡检对象		主要巡检内容
线路本体	地基与地面	回填土下沉或缺土、水淹、冻胀、堆积杂物等
	杆塔基础	破损、酥松、裂纹、露筋、基础下沉、上拔、保护帽破损、边坡保护不够等
	杆塔	杆塔倾斜、主材弯曲、地线支架变形、塔材、螺栓丢失、严重锈蚀、脚钉缺失、土埋塔脚等
	接地装置	断裂、被盗、严重锈蚀、螺栓松脱、接地线外露、接地连接部位有雷电烧痕等
	绝缘子	伞裙破损、严重污秽、有放电痕迹、弹簧销缺损、钢帽裂纹、断裂、钢脚严重锈蚀或蚀损、绝缘子串顺线路方向倾斜角过大、自爆等
	导线、地线、引流线、架空光纤线	散股、断股、损伤、断线、放电烧伤、导线接头部位过热、悬挂漂浮物、严重锈蚀、有电晕现象、导线缠绕、覆冰、舞动、风偏过大等
	线路金具	线夹断裂、裂纹、磨损、销钉脱落或严重锈蚀 均压环、屏蔽环烧伤、螺栓松动 防震锤跑位、脱落、严重锈蚀，阻尼线变形、烧伤 间隔棒松脱、变形或离位 各种连接板、连接环、调整板损伤、裂纹等；预绞丝滑动、烧伤、断股 销钉锈蚀、脱落等
附属设施	防雷装置	避雷器破损、变形、引线松脱，放电间隙变化、烧伤等及计数器动作情况
	防鸟装置	缺失、破损、变形、螺栓松脱、动作失灵、褪色
	各种监测装置	缺失、损坏等
	杆号、警告、防护、指示、相位等标识	缺失、损坏、字迹或颜色不清、严重锈蚀等
	防舞防冰装置	缺失、损坏等

2. 飞行部位及要求

飞行过程中，保证无人机安全的情况下，需要尽可能将所需部位拍摄清楚，不能虚焦、过曝、过暗，特别是在逆光角度拍摄时，需要调整相机 EV（曝光补偿）值，使拍摄部位能够清晰可见。以下是拍摄部位的要求以及案例。

1）塔牌：要求塔牌文字清晰可见，容易辨识，如图 2-5-12 所示。

2）塔基：要求塔基、塔腿、地面都要清晰，如图 2-5-13 所示。

3）塔头：要求能清晰辨别塔头是否有异物与缺件，如图 2-5-14 所示。

4）塔身：要求能清晰辨别塔身是否有异物与缺件，如图 2-5-15 所示。

图 2-5-12　塔牌

图 2-5-13　塔基

图 2-5-14　塔头

图 2-5-15　塔身

5）全塔：要拍摄杆塔的全貌，如图 2-5-16 所示。

6）导线绝缘子串导线端：要求能辨别销钉以及其他配件的缺陷，如图 2-5-17 所示。

7）地线挂点：要求能辨别销钉以及其他配件的缺陷，如图 2-5-18 所示。

8）防震锤：要求能辨别防震锤是否脱落或者损坏，如图 2-5-19 所示。

9）条线引流线线夹：要求能辨别销钉以及其他配件的缺陷，如图 2-5-20 所示。

10）跳线挂点：要求能辨别销钉以及其他配件的缺陷，如图 2-5-21 所示。

11）跳线绝缘子串：要求能辨别销钉以及其他配件的缺陷，如图 2-5-22 所示。

图 2-5-16　全塔

图 2-5-17　导线绝缘子串导线端

a）

b）

图 2-5-18　地线挂点

a) 耐张塔地线挂点　b) 直线塔地线挂点

图 2-5-19　防震锤

图 2-5-20　条线引流线线夹

图 2-5-21 跳线挂点

图 2-5-22 跳线绝缘子串

3. 飞行技巧

在飞行过程中，每个塔根据不同的塔型，少则几十个拍照点，多则上百个拍照点，并且照片不会在拍照过程中自动命名（这是目前大多数手动巡检的弊端），这会大大增加后期筛选照片工作，为了简化后期工作，在拍摄过程中要按顺序飞行巡检，以便后期数据处理。

1）飞行顺序：一般遵循先小后大（先拍摄杆塔小号侧，再拍摄杆塔大号侧），先左后右（先拍摄杆塔左侧，再拍摄杆塔右侧），飞行顺序如图 2-5-23 所示。

图 2-5-23 飞行顺序图

2）飞行技巧：采用精灵 4 无人机进行精细化巡检，由于其搭载任务设备是两轴云台相机，相对于三轴云台相机来说，不能对相机进行水平方向的控制，只能进行俯仰控制。所以，进行对拍摄角度的改变时，只能通过对飞行器的航向改变来改变相机水平方向的角度，如图 2-5-24 所示。

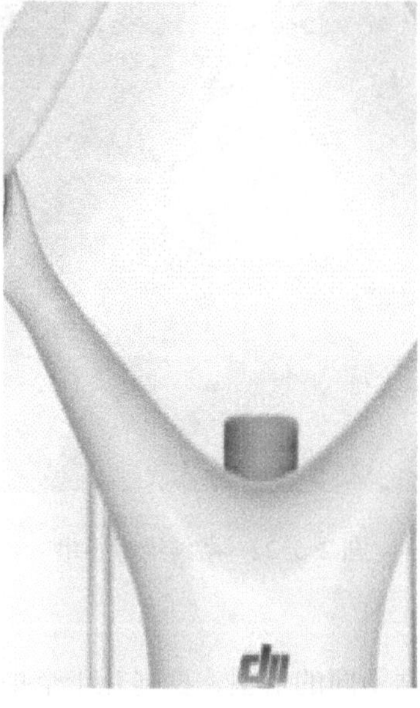

图 2-5-24 改变航向以改变相机水平角度

3）操作方式：如图 2-5-25 所示，在保证无人机的飞行安全的前提下，进行其他按键通道的操控。

1——拍照键，该键位为两段开关，轻按对焦，重按拍照。

2——EV（曝光补偿）值按键，在镜头中心对准需要拍摄部位时，拨动该拨轮，进行曝光补偿调节。在某些情况下，所拍摄部位的零件会有曝光不合适的情况，这时需要调节该拨轮，使拍摄部位能够清晰。

3——云台俯仰角度拨轮，在实际拍摄中，多数情况下，被拍摄物体会和无人机不在同一高度，这时就需要调整该拨轮来调整云台俯仰角度进行拍摄。

4——自定义按键，一般将它设置为“云台回中”按键，方便快速调节云台角度。

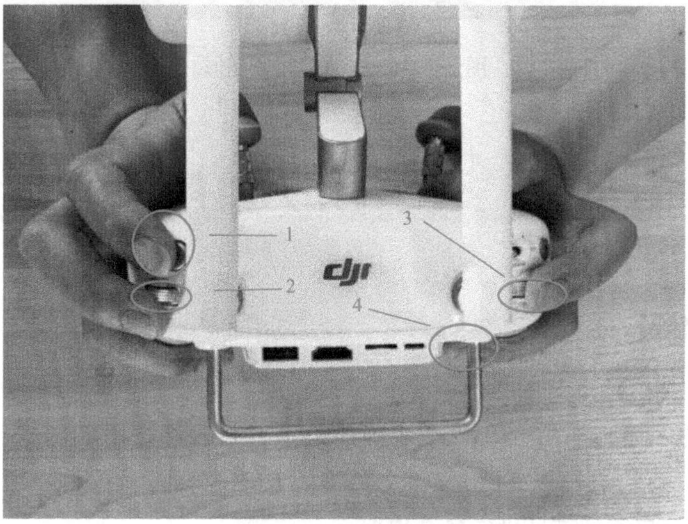

图 2-5-25　其他按键通道

四、飞后工作

对拍摄后的资料进行检查、复制以及整理，建立相关文件夹，保留相关备份，防止漏拍或者拍摄质量不达标。对设备进行整理和清洁保养。

1. 资料保存

巡检作业结束后，将飞行完成后的原始资料进行复制、保存，为了方便后期人员处理，需要规范储存资料，将拍摄资料进行认真分类保存，避免资料难找甚至丢失。

2. 设备整理

作业完成后，需要清理设备，按照作业前物品准备清单进行对照是否有遗漏丢失，如有损坏或者丢失，需要记录具体情况以及原因；对设备进行清洁，检查各个部件是否进入杂物、是否有损坏等，如有损坏，及时维修或者更换，防止出现更大问题。比如无人机机臂变形，如图 2-5-26 所示，要及时修复或更换，确保下一次的飞行安全。

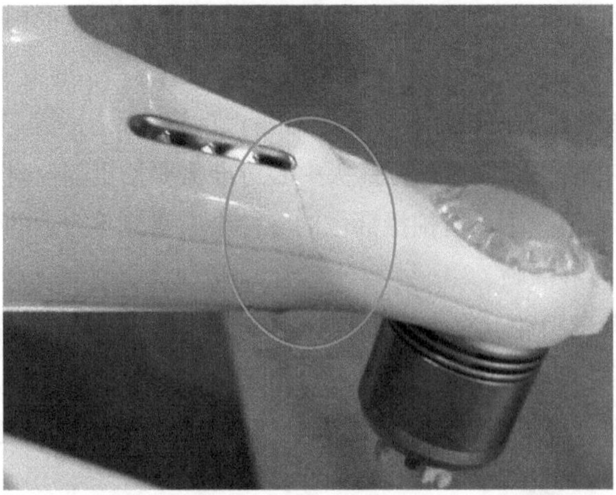

图 2-5-26　无人机机臂变形

任务 2　多旋翼无人机航测作业

一、飞前准备

1. 航测区域确定

进行航测的区域，都需要有一个明确的范围，一般都是用地图进行范围标定，如图 2-5-27 所示。然后导出以 84 坐标系为基准的 KML 文件，如图 2-5-28 所示，以便无人机航测作业时，导入地面站进行任务规划。

图 2-5-27　航测区域标定

图 2-5-28　KML 文件

2．比例尺确定

根据用户的分辨率要求确定比例尺。常见的航测分辨率和比例尺对照见表 2-5-3。

表 2-5-3　分辨率和比例尺对照

序　号	比 例 尺	分辨率 /cm	备　注
1	1:500	< 5	
2	1:1000	7 ～ 10	
3	1:2000	14 ～ 20	

3．飞行环境观察

在飞行前，需要到飞行区域进行实地勘察，了解飞行区域的大致情况，确认是否适合飞行。由于多旋翼无人机有以下特点：第一是续航时间短；第二是飞行高度低。所以飞行区域尽量不在起伏较大的山区，也就是海拔高差不宜太大。而且要注意对特殊建筑物的观察，在飞行区域内，是否存在信号塔等对无人机干扰较大的物体，要尽量远离。

如图 2-5-29 所示，海拔高差达到 500m（图中数字代表该点海拔高度），该区域就不适合采用多旋翼无人机进行航测作业。

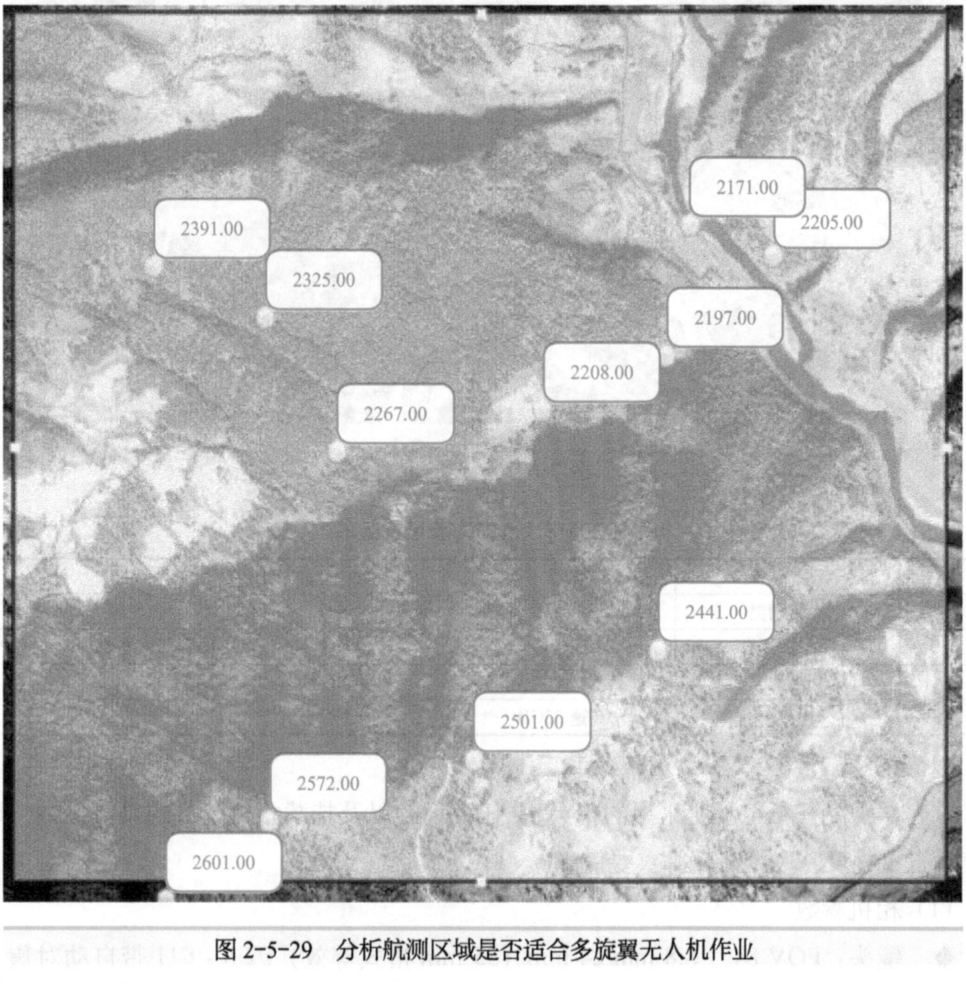

图 2-5-29　分析航测区域是否适合多旋翼无人机作业

二、制定方案

1. 飞行任务

下面以一个具体的作业案例来系统介绍无人机航测飞行作业的流程，航测范围如图 2-5-30 所示，对该区域进行航测，成图比例为 1:500，地面分辨率小于 0.05M。

2. 任务设备

该区域面积不大，并且地势比较平坦，可使用多旋翼无人机进行飞行作业，这里采用精灵 4P 进行航测作业，航测作业设备清单见表 2-5-4。

图 2-5-30　航测范围

表 2-5-4　航测作业设备清单

序　号	设　备	型　号	数　量	备　注
1	大疆精灵	4P	1 套	螺旋桨可多备一组
2	平板计算机	iPad	1 台	目前该地面站只支持 iPad
3	电池	精灵 4 高容量	2 块	
4	内存卡	高速 32GB	1 张	

3. 飞行方案

首先，需要仔细了解所采用的精灵 4P 任务设备以及挂载相机镜头的具体参数，以便正确设置重叠度、飞行高度等重要信息。

(1) 相机参数

◆　镜头：FOV 84°　8.8 mm/24 mm（35 mm 格式等效）f/2.8 - f/11 带自动对焦（对

焦距离 1 m ～无穷远）

◆ 感光元件：1 英寸，有效像素 2000 万

◆ ISO 范围：最大范围 100 ～ 12 800

◆ 照片尺寸：3:2 宽高比，5472 × 3648；
4:3 宽高比，4864 × 3648；
16:9 宽高比，5472 × 3078。

一般航测数值设定：需要将相机拍照模式设置成 M 模式，调节光圈与快门速度，光圈数值调整为 f/5.6，快门速度调整为 1250，ISO 调为自动，而由于该无人机搭载的设备镜头限制，将对焦距离设置为无穷远。

（2）重叠度

重叠度指飞行器飞行时拍照，相邻两张图片保持的相片重叠程度。飞行过程中分为航向重叠度与旁向重叠度，航向重叠度是指飞行器飞行方向上的两张连续照片重叠程度，而旁向重叠度是指无人机在飞行过程中，两条相邻航线之间的相片重叠程度，如图 2-5-31 所示，由于后期需要将照片进行合成处理，所以一般规定航向重叠度不得低于 55%，旁向重叠率不得低于 30%，当某些区域地势起伏较大时，还需要增加该数值。

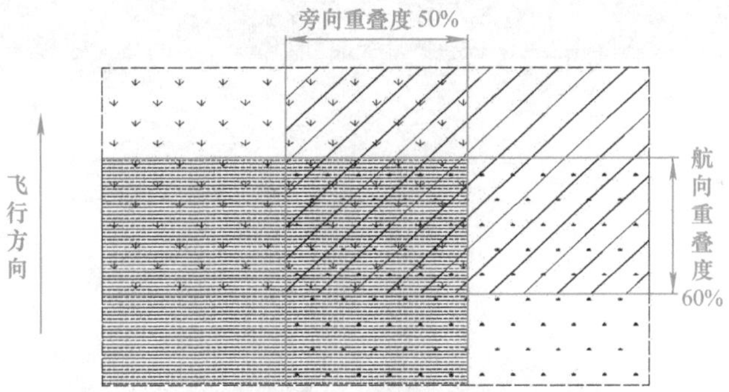

图 2-5-31　重叠度示范

（3）方案确定

1）相机设置。航测作业时，为了保证拍照不漏片（在飞行过程中，飞控会给相机发送拍照指令，一般设置等间距拍照，有时候会因为相机原因，拍摄照片时会有最小拍照时间，如果飞控给出两个拍照指令时，相机反应不过来，就会导致漏片情况的产生，而漏片会导致后期合成图片出现问题，无法出图），尽量减小相机拍照时间，使两张照片拍照时间间隙越小越好，所以我们选择 M 档进行作业，提前预设光圈为 f5.6 和快门速度为 1250。

2）照片设置。根据任务难度，选取精灵 4P 进行作业，在设置相机时，保证最大作业效率，选择相机 4:3 宽高比，充分利用相机画幅，有效像素比为 4864 × 3648。

3）飞行速度设置。根据当地环境、天气情况以及飞行器性能，在保证安全的情况下，

设置该飞行器的飞行速度为 10m/s。

4）照片重叠度设置。根据此次任务要求，为保证后期出图质量，考虑到相机性能，我们将航向重叠度设置为 80%，旁向重叠度设置为 65%。

5）拍照模式设置。在该无人机地面站中，有三种拍照模式，分别是定点拍照、等时间拍照和等间距拍照。定点拍照是指无人机飞控系统自动计算拍照点，在航线上飞行时，控制无人机在拍照点悬停拍照，该拍照模式会使飞行器作业效率大打折扣。等时间拍照是指无人机在航线飞行中，开始以相同时间间隔拍照，此功能会受到外界干扰较大，甚至不能保证拍照重叠率。等间距拍照是指无人机飞行时，飞控系统会计算每个拍照点的位置，当无人机飞过该点时进行拍照。相对来说，第三种拍照模式更适合航测作业，所以我们选择等间距拍照模式。

三、作业实施

1. 导入任务区域

首先将前期导出的任务区域文件导入到无人机地面站软件中，将该地区地图进行缓冲处理，如图 2-5-32 所示。

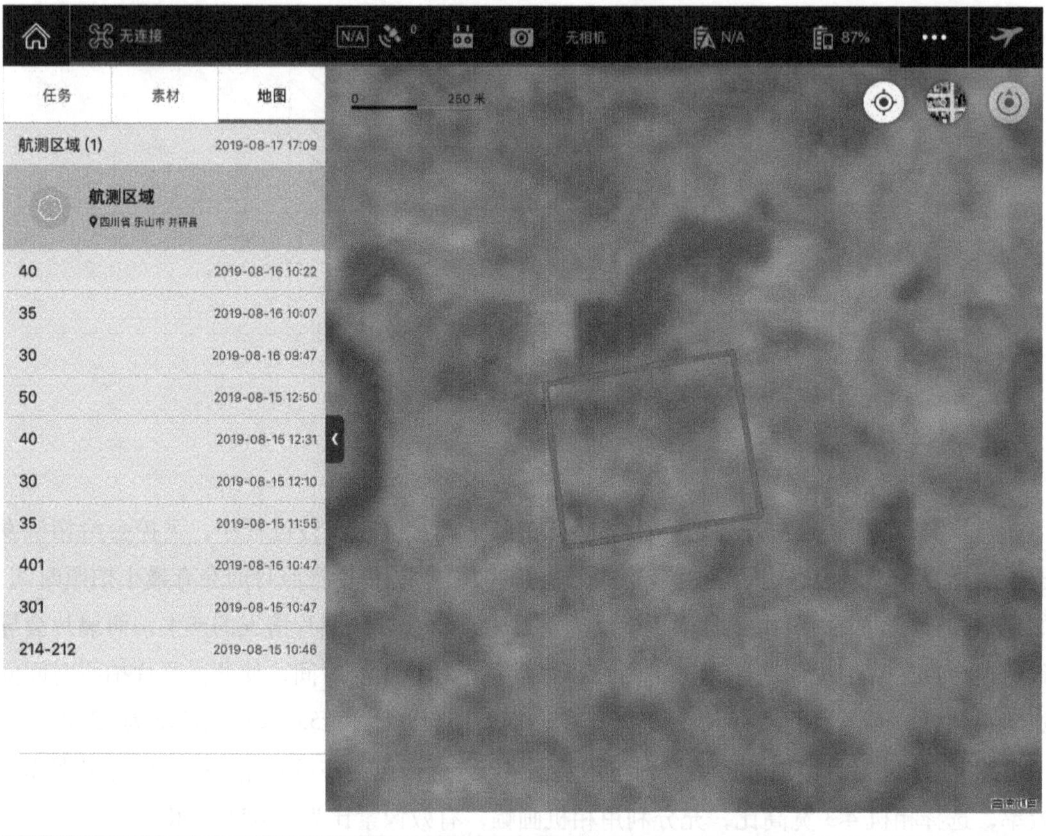

图 2-5-32 任务区域文件导入

2. 生成航线

(1) 飞行计划

将航测范围导入地面站后，选择新建飞行计划，选择"测绘航拍"→"区域模式"→"手动选点"，再选择飞行区域，如图 2-5-33 所示，将需要航测的区域全部选择在飞行区域内，防止漏拍。

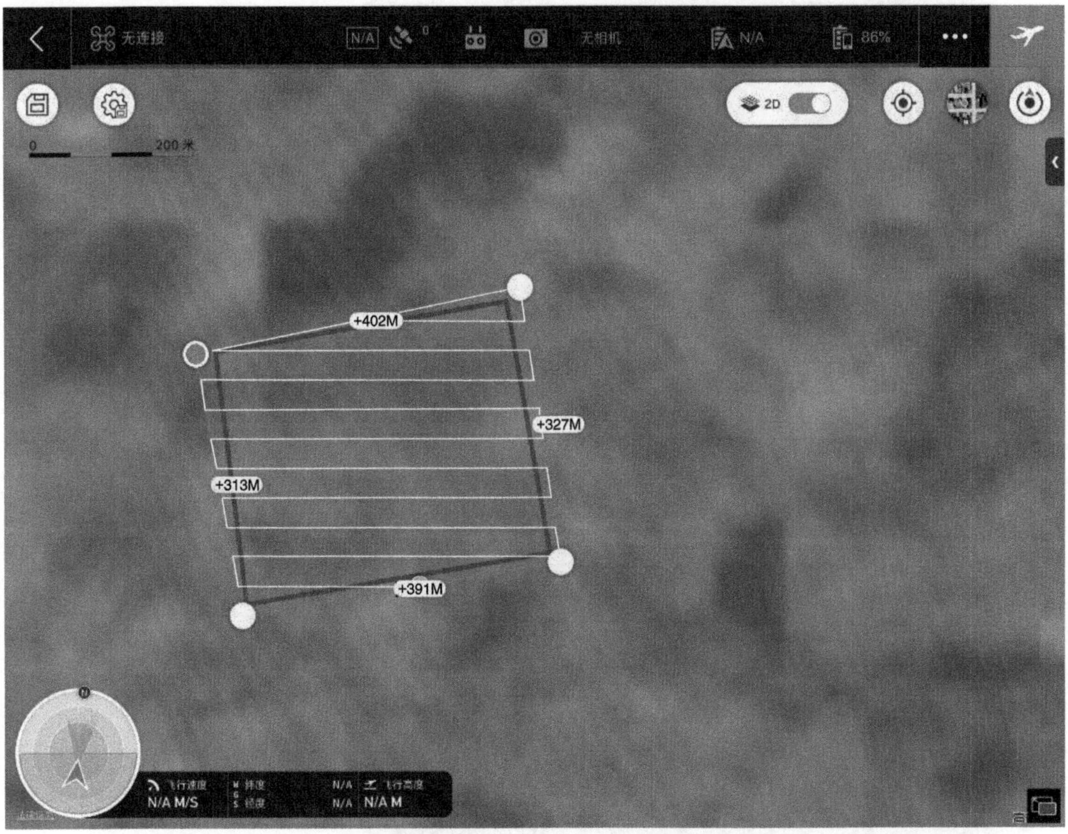

图 2-5-33 新建飞行计划

(2) 导入参数

导入提前设置好的数据："相机型号"选择为"Phantom 4 Pro Camera"，"相机朝向"为"平行于主航线"。"航线生成模式"为"区内模式"。"飞行速度"为"10m/s"，"分辨率"为"3.8cm/px"，如图 2-5-34 所示，作业之前务必要仔细确认。

"主航线上图像重复率"为"80%"，"主航线间图像重复率"为"65%"，"任务完成动作"设置为"自动返航"。在所有参数设置好后，将航线保存好。

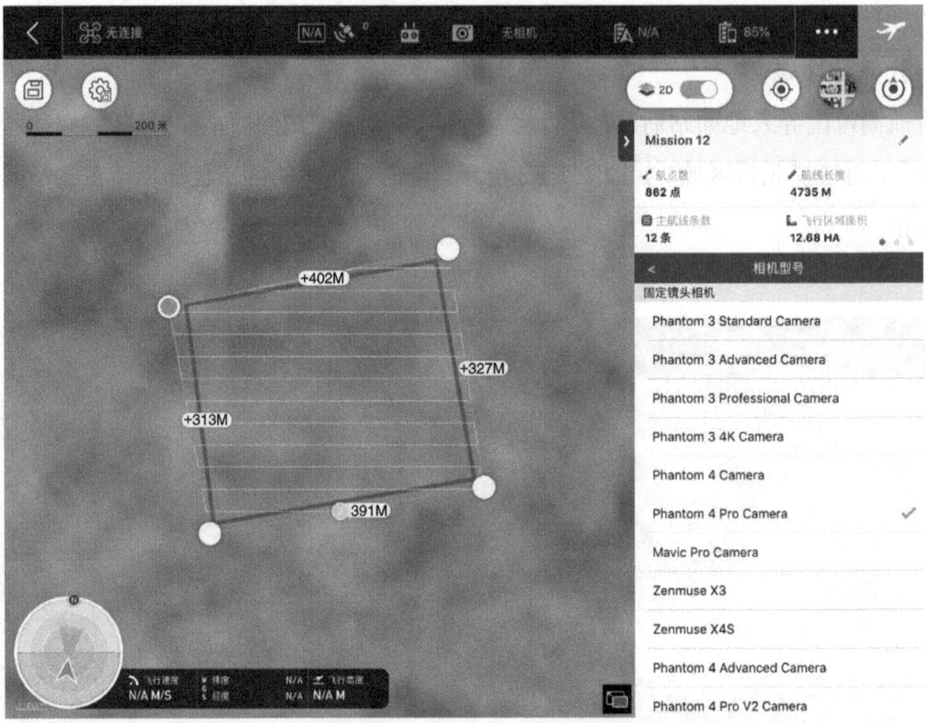

a）

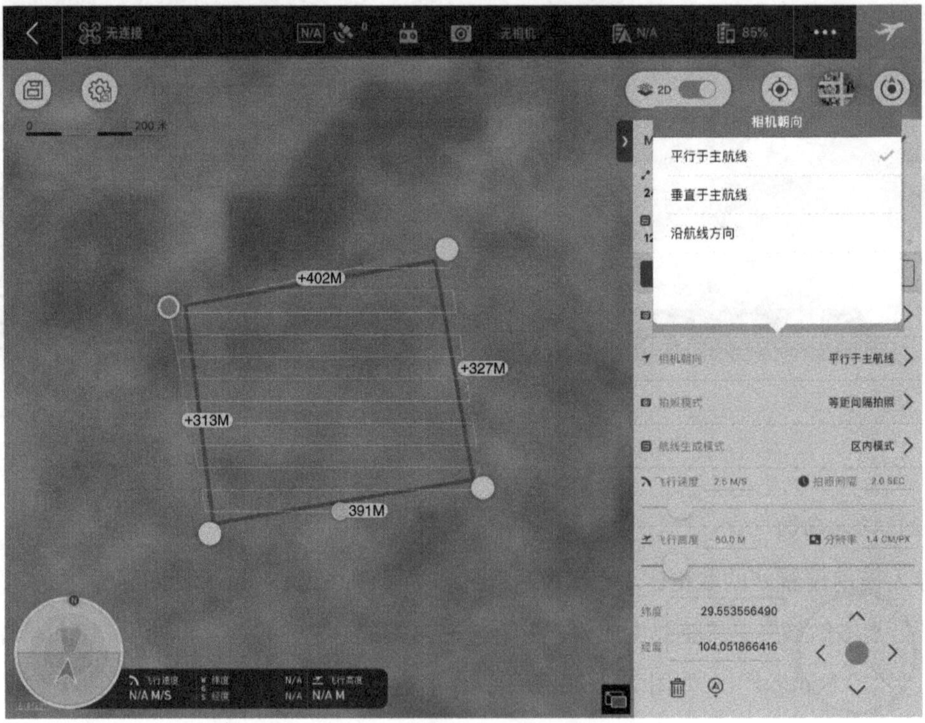

b）

图 2-5-34　参数导入

a) 相机型号选择　b) 相机朝向

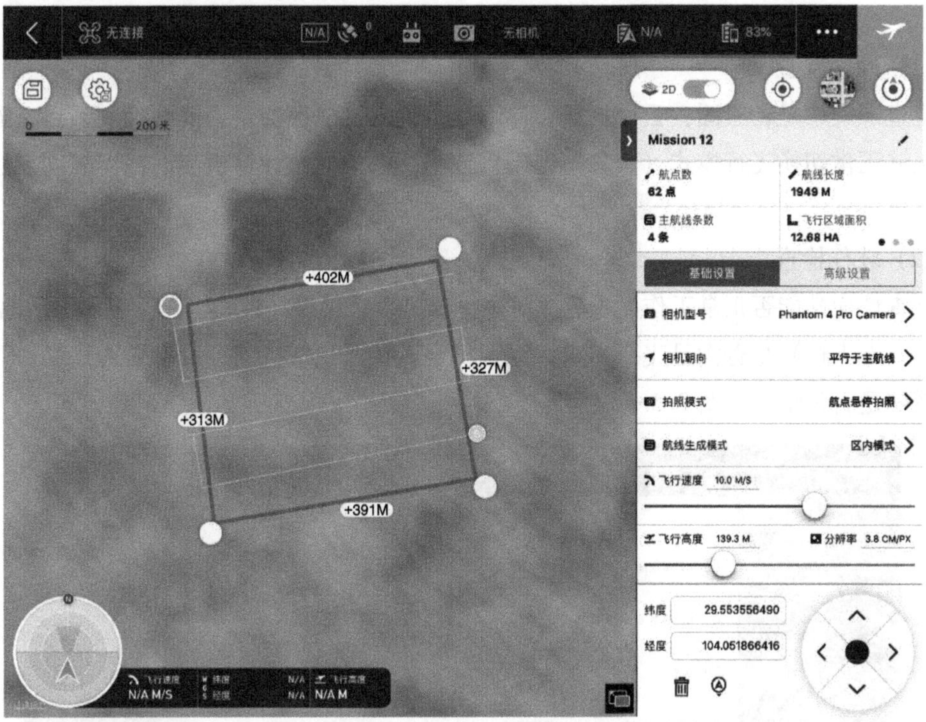

c）

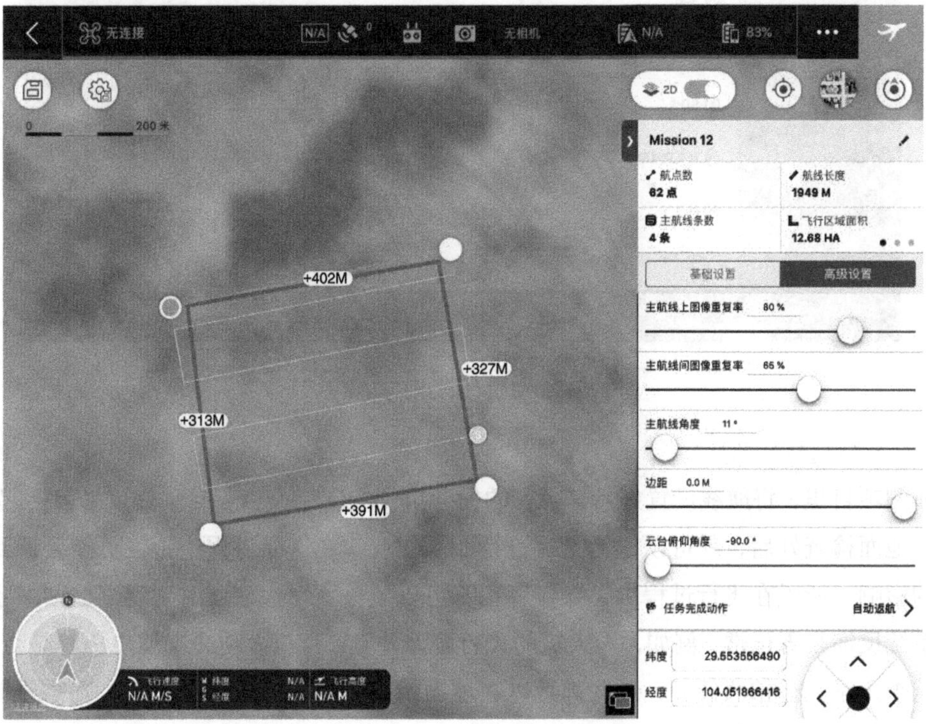

d）

图 2-5-34　参数导入（续）

c) 飞行速度与分辨率　d) 重叠度

3. 飞行前检查

(1) 硬件检查

检查螺旋桨是否紧固、云台相机存储卡是否插入、遥控器是否能够控制云台，遥控器是否能够正常切换飞行模式（紧急情况下可使用），地面站计算机与遥控器之间连接是否正常。

(2) 软件检查

检查地面站能否正常工作，遥控器对飞行器是否有可操控性，检查三电（包括地面站、遥控器、无人机）是否满足飞行需求，无人机是否拍照正常，储存设备是否正常，飞行器定位系统是否正常，如图 2-5-35 所示。

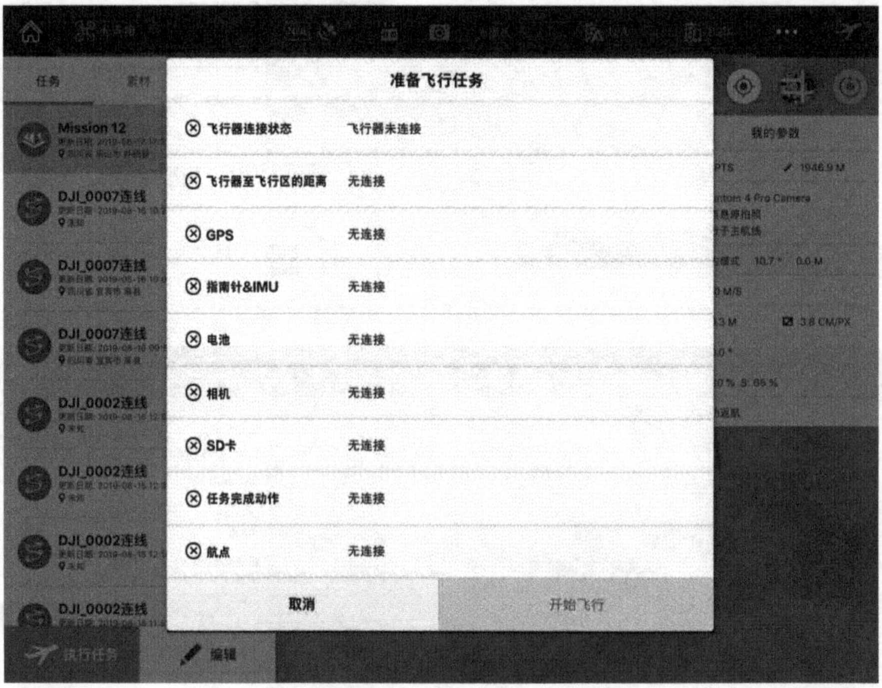

图 2-5-35　执行任务前自动检查项

4. 飞行过程监控

航测项目里，将航线设置好后，所有的任务执行均由无人机全自动完成（包括起降），所以在地面检查好后，就可以让无人机进行航测作业，在作业过程中，也可能会遇到未知因素的影响，所以在飞行过程中，操作者也不可以放松警惕，需要时刻观察地面站系统，观察系统反馈是否正常，例如，无人机的飞行姿态、飞行速度、动力电池电压等是否正常，以及是否正常执行拍照任务，这些都可以在地面站观测到，如果出现异常，则需要地面站进行干预的要及时干预，防止发生事故。

5. 降落检查

在无人机降落后，需要进行仔细的检查，首先检查机体外观，有无损坏、有无裂痕，如果有，及时上报；其次检查照片，是否有漏片（在该拍照的点没有拍照）情况，在航线设置里，会有一个预估拍照数量，用来对比实际照片数量是否正确；最后检查照片质量是否存在过亮、过曝等问题，这些都会导致后期成图质量受到影响，甚至会导致无法出图的情况。

四、飞后工作

1. 资料整理

在飞行结束后，将原始资料复制到后期处理的计算机中。注意，剪切有可能导致文件损坏，所以不建议剪切，同时应建立相关文件夹。需要注意的是，后期处理软件不支持中文目录，所以在建立文件夹时，需要将文件目录全部更改为英文或者数字。

2. 资料处理

目前能够进行航测内业处理的软件很多，这里以 Pix4Dmapper 软件为例进行演示。

1）建立新项目：打开软件，选择项目最终成果位置，命名成图名称，如图 2-5-36 所示。

2）对需要处理的图片进行选择、导入，如图 2-5-37 所示，可以导入照片，也可以直接导入整个文件夹。

3）选择图像坐标体系以及图片定位，在之前我们已经确认过坐标体系，使用 WGS 84 坐标体系；由于使用大疆精灵 4P 无人机进行航拍，照片上有经纬度等位置信息，所以不需要再对图片进行定位选择，可直接省略这一步，这里直接进行所有图片选择，如图 2-5-38 所示。

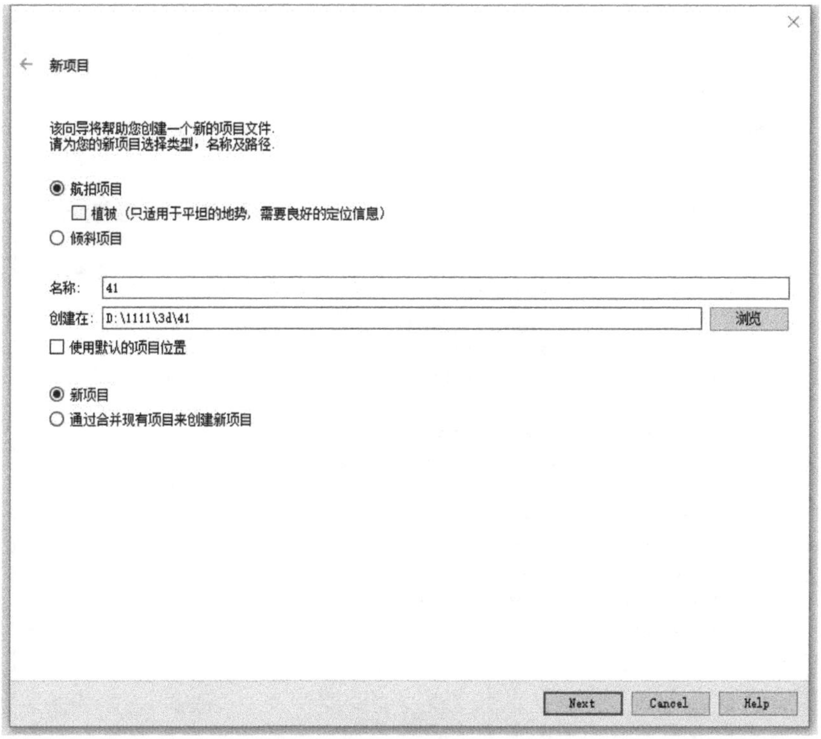

图 2-5-36 建立新项目

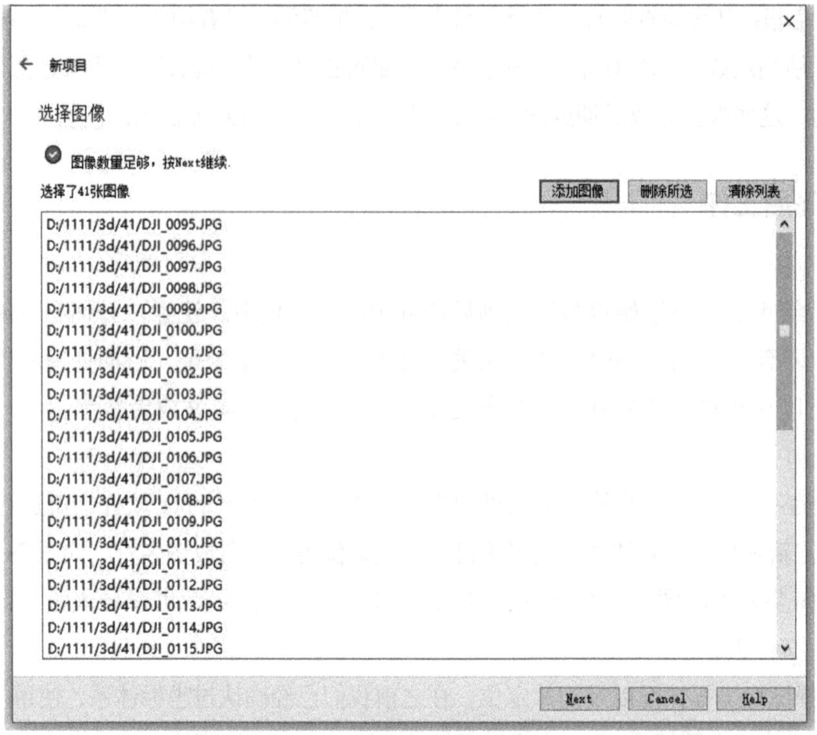

图 2-5-37 照片导入

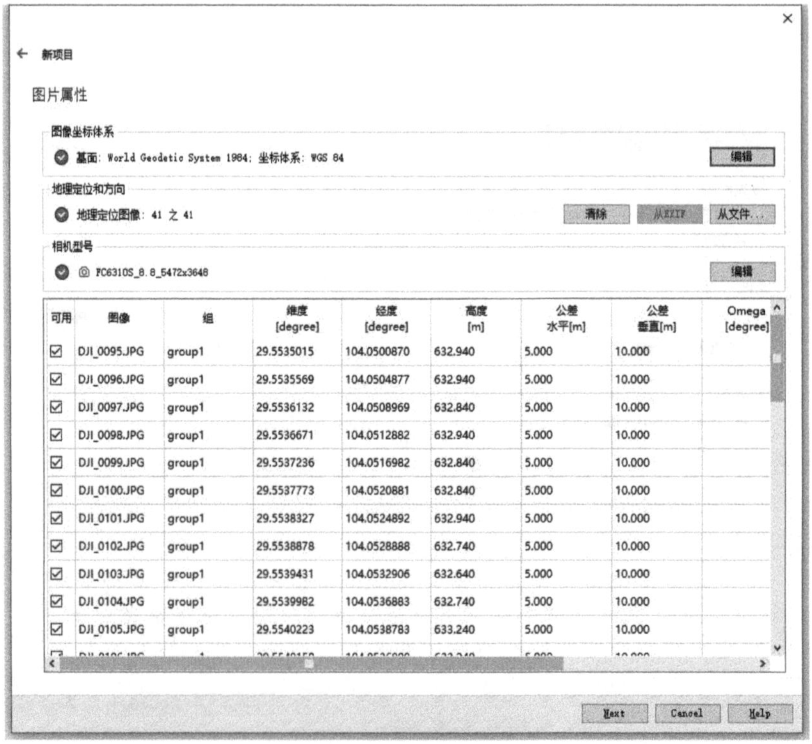

图 2-5-38 图片选择

4）参数设置，如图 2-5-39 所示，对需要的选项进行选择，例如，快速检测、数字表面模型和正射影像图、分辨率等，根据之前的计划进行选择。

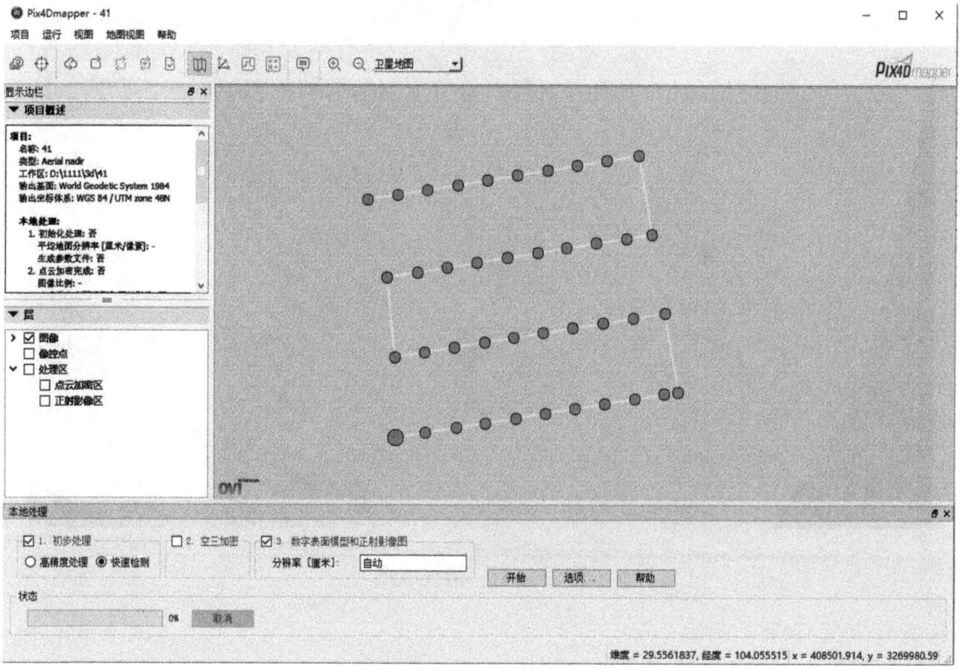

图 2-5-39　参数设置

5）开始跑图，如图 2-5-40 所示，由于不同计算机配置不同，跑图速度会有所不同。

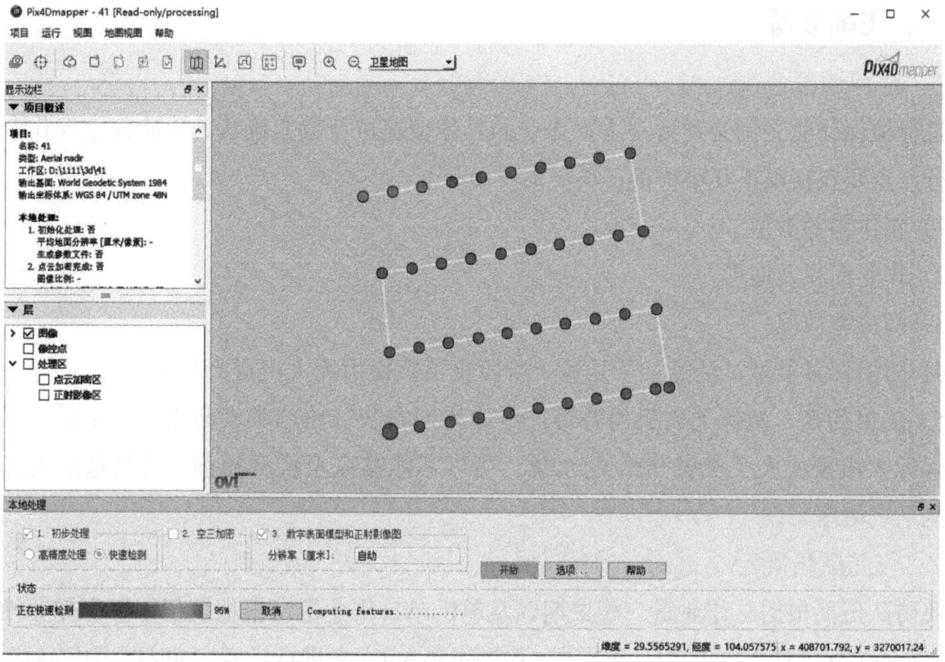

图 2-5-40　开始跑图

6）最终成图，如图 2-5-41 所示。

图 2-5-41 最终成图

任务 3 多旋翼无人机植保作业

一、飞前准备

1. 植保情况分析

进行植保作业之前必须要对本次作业的具体情况进行勘察确认，以确保植保作业的顺利进行，主要包括以下几个方面。

1）农作物的类型。

2）作业面积及地形。

3）病虫害情况。

4）防治任务类型，注意：不是每个阶段都适宜使用无人机进行植保。

5）使用药剂，植保无人机用药最好是非粉剂农药（粉剂类农药需要大量水去稀释，而植保无人机要比人工节省 90% 的水量，所以不能够完全稀释粉剂，容易造成植保无人机喷洒系统堵塞）。

2. 飞防队伍确定

飞防队伍要根据总作业量、病虫期以及单机单日作业量（根据队伍水平和作业地形确定，一般目前保守量 300 亩 / 机 / 天左右，1 亩 =666.6m^2）来进行计算，同时要考虑突发情况，一般采取“两飞一备”的原则。

例如，以作业量2500亩计算，病虫期以5天为例，单机可完成的作业量为1500亩。2500亩水稻需要作业团队，见表2-5-5。

表2-5-5 飞防队伍确定

设备		人员	
设备运输车	1辆	无人机驾驶员	2
无人机	2架	地头报点人员	2
电池	16组以上	地勤	1
充电器	4套		
对讲机	5		
药具	2套		
劳保用品	10套		

3. 天气勘测

1）适宜的天气：温度适中、风速小、近期无雨水或者大风（一般超过3级风将会对农药产生大的漂移，气温高于35℃时应该停止喷洒药液）。

2）适宜的作业时间：最佳作业时间是8:00～10:00和15:00～18:00。

4. 无人机相关准备

1）无人机检查。

重点检查无人机机臂、桨叶、电机座、机身五金件等是否有损坏，如图2-5-42所示。

2）动力电池检查。

检查电压是否达标、有无鼓包、破损、胀气等，如图2-5-43所示。

3）喷洒系统检查。

主要检查喷洒系统连接是否稳固，如图2-5-44所示。

图2-5-42 无人机重点检查部位

图2-5-43 电池检查

图 2-5-44　喷洒系统检查

4）遥控系统检查。

检查遥控器各通道输入是否正确、内部参数设定是否正确、与飞机接收机对频是否正常，如图 2-5-45 所示。

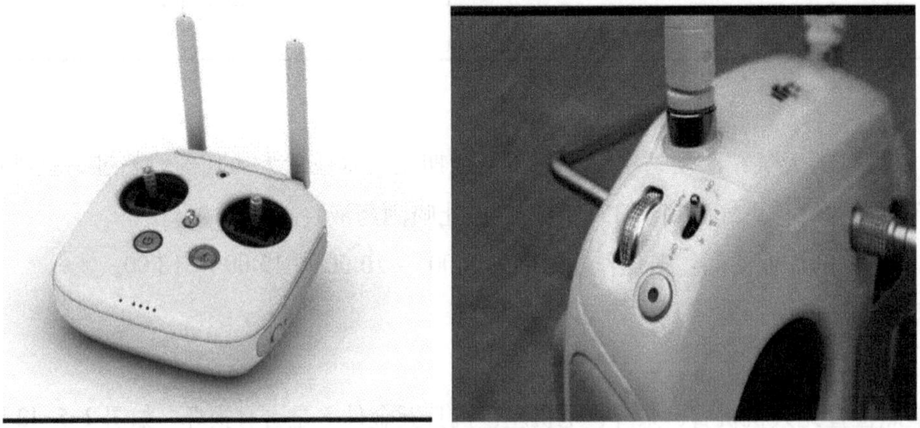

图 2-5-45　检查遥控器

5）地面站检查。

检查电子罗盘、GPS 等指向是否与机头指向一致；检查飞控系统指示灯的状态（GPS 模式为绿灯、作业模式为红灯）是否正确；检查姿态角是否正常、晃动系数是否接近于零，LED 指示灯的闪烁状态是否正常，IMU 状态是否正常，遥控遥感信号是否正常，遥控器各功能开关显示是否正常。

二、作业实施

（1）熟悉地形

熟悉地形、检查飞行航线路径有无障碍物、确定无人机起降点及地面站规划作业基本航线，在地形复杂的山区作业时，应当让地面勤务人员先行选取起降点。

熟悉作业的地形，能在心中形成初步的规划，不同的地形有不同的作业方式和要求，如图 2-5-46 所示。平地和山地，作业难度差别大，作业实施方式差别大。提前规划飞行路线能避免路线重复引起的二次喷洒，也避免了飞行时撞上障碍物引起炸机，提高飞行效率。确定无人机的起降点有助于快速进行换电池、加药等操作。

图 2-5-46　平地和山地

（2）配置农药

根据植保无人机作业量，提前配制半天到一天所需的药量，并在农药配制前进行试配，观察所用药物有无化学反应而产生颗粒物，以免造成植保无人机在作业时喷头堵塞或者药物发生化学反应而影响用药效果。

根据作物受病情况和受病面积，配置合适的浓度及用量，尽量做到即用即配。喷药系统因为是用管道连接的，所以尽量用水剂药物，避免用粉剂药物，如果必须要用粉剂药物则要充分让药物溶解于水中，在加药时要用过滤网充分过滤掉固体颗粒。

（3）任务规划

根据前面所述的具体情况进行航线规划，并上传至无人机等待实施。

（4）确认起飞前的设备情况

无人机上电起飞前需要再次确认全部设备情况，以确保安全作业。主要检查电池电压、无人机状态、无人机紧固件和无人机螺旋桨等，以及遥控器状态和无人机水泵及喷洒模块，检查确认之后方可起飞作业。

（5）作业实施

根据作业情况，观察飞行状态，随时观察是否与设置好的喷洒宽度、飞行高度、速度、距离等参数相符，并随时准备对紧急情况作出相应的处理。

作业时无人机一般飞在农作物上 1 ～ 2m 的距离，飞低了有可能下压风场压倒农作物，飞高了药物太分散了达不到效果，离农田边缘要有一定的安全距离。飞行速度根据每分钟喷洒量作出合理的设置。对于复杂的地况，操作者要随时在离无人机不远处进行跟随监测，同时要注意风向和安全距离，避免无人机和药物对人的伤害。

植保完成后要做好飞行记录（包括飞行面积、用药情况、喷洒用量等），以备后面验收检查，必要时要有相关人员签字。

（6）后勤人员

主要负责做好植保无人机转场、更换电池和加药等工作。植保完成后地勤人员要整理飞机、电池、药物等，准备转场，同时要评估剩余电池是否够下次使用，如果不够，则应及时充电满足下次作业使用。

三、作业安全

1．环境因素

1）熟悉地形，检查飞行航线有无障碍物，记录树木、高架电线和水渠的位置以及邻近的作物、公路和铁路等，如图 2-5-47 所示。

图 2-5-47 熟悉作业环境

2）要确认现场的干扰情况不影响作业实施，作业区域要有适合的起降平台。

3）注意风力、风向及阴雨等天气变化。

4）尽量避免逆光飞行作业，不可避免时务必准备好太阳镜。

2. 人员安全

1）作业过程必须时刻远离人群，助手及相关人员要及时疏散作业区域的人群，确保作业区域内人员被清空。

2）作业人员具有安全用药知识，严禁儿童、老人、体弱多病者及经期、孕期、哺乳期妇女参与施药。

3）作业人员务必配备相应的防护措施，作业结束后，要用大量清水和肥皂清洗，尽快把防护服清洗干净并与日常穿戴的衣物分开保存。

4）药物沾上皮肤或溅入眼睛，必须尽快用清水反复冲洗。施药人员出现头疼、头晕、恶心、呕吐等农药中毒情况时，应立刻离开施药现场，脱掉污染衣物，及时带上农药标签到医院治疗。

3. 机械和药剂安全

1）作业前对设备进行维护保养，确保正常工作，严格执行施药方案，飞行过程中要保持无人机在视距范围内。

2）遥控器操作动作要轻柔、平缓，严禁盲目、暴力操作，严禁放弃控制。

3）无人机驾驶员在作业过程中严禁进食、饮水和接打电话。严禁在饮酒、药物麻痹、头晕、恶心等以及其他身体状况不佳或精神状态不佳的情况下操控飞机。

4）工作状态下严禁拆卸设备的任何部件。

5）严禁将锂电池在太阳下暴晒。

6）严格按照执行方案的配方、剂量、兑水量、施药时间、服务面积等实施喷药。

7）配制药液前对农药包装和剂型进行检查核对，药剂要二次稀释配制，如图 2-5-48 所示，不能直接用手取药和搅拌农药。农药现配现用，不能长时间存放。

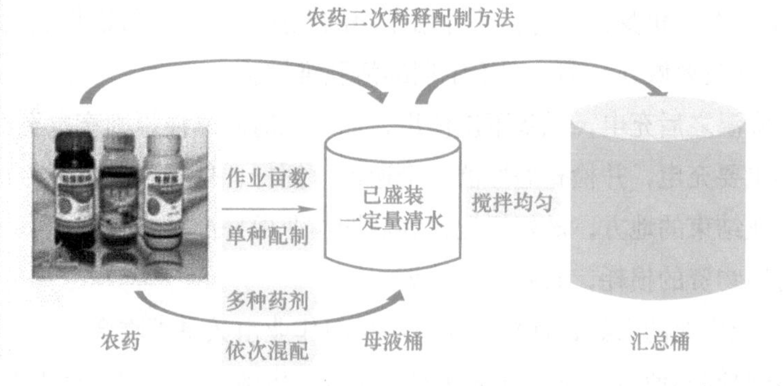

图 2-5-48　农药配制方法

4. 作业后处理安全

1）农药使用后的包装要收集起来安全存放或集中进行无害化处理，不得随意丢弃。

2）剩余农药应带回或按照国家相关规定处理。

3）应把泄漏的药液和清洗药箱等废液收集到收集箱，并应设置一个专用的排污设备来处理剩余的药液和清洗后的废液，如图 2-5-49 所示。

图 2-5-49　药液和废液处理

四、飞后工作

1）关闭电源，降落后先切断动力电源后才可以关闭发射机电源。

2）检查电子电路模块，检查电源插头插座及焊点是否过热、松动。

3）检查动力系统，电机、电调是否过热，电机运转是否顺滑。

4）检查机械部分，电机与电机臂固定是否松动，螺旋桨螺钉是否松动，机架是否有螺钉丢失。

5）完成作业后要立即用清水对无人机药箱、压力泵、管道、离心喷头进行清洗，避免喷洒系统造成堵塞。机身、机臂、桨叶用干净的湿抹布擦拭。每次作业完后必须实施设备清理，长时间存放要做到一到两周不定期的清理维护。

6）电池待降温之后充电，以备下次使用，如果长时间不使用则充电至保存电压。

7）遥控器也要充电，并检查遥控器各个通道、摇杆、信号天线等是否正常。

8）记录作业结束的地方，做好标记，为后期作业做好准备。

9）检查各项物资的损耗，做好后期筹划。

10）记录当天作业的亩数，计算当天用药量与作业亩数是否吻合。

11）如果长时间不使用，整套设备（如无人机、电池、遥控器、充电器等）要存放在干燥、凉爽、通风、不易磕碰的地方。

参 考 文 献

[1] 祝小平．无人机设计手册 [M]．北京：国防工业出版社，2007．

[2] 符长青，曹兵．多旋翼无人机技术基础 [M]．北京：清华大学出版社，2016．

[3] 何国华．无人机飞行训练 [M]．北京：高等教育出版社，2016．

[4] 曾庆华，郭振云．无人飞行控制技术与工程 [M]．北京：国防工业出版社．2011．

[5] 魏璃轩，王树磊．先进无人机系统制导与控制 [M]．北京：国防工业出版社，2017．

[6] 毛红保，田松，见爱农．无人机任务规划 [M]．北京：国防工业出版社，2015．

[7] 邢琳琳．飞行原理 [M]．北京：北京航空航天大学出版社，2016．

[8] 蔡国玮，陈本美，李崇兴，等．无人驾驶旋翼飞行器系统 [M]．北京：清华大学出版社，2012．

[9] 杨华保，王和平，艾创良．飞机原理与构造 [M]．西安：西北工业大学出版社，2011．